计算机科学与技术专业核心教材体系建设——建议使用时间

| 课程系列 | 基础系列 | 电类系列 | 程序系列 | 系统系列 | 应用系列 | 选 |
|---|---|---|---|---|---|---|
| 一年级上 | 大学计算机基础 | | 计算机程序设计 | 计算机原理 | | |
| 一年级下 | | 电子技术基础 | 面向对象程序设计 / 程序设计实践 | 操作系统 | | |
| 二年级上 | 离散数学（上） / 信息安全导论 | 数字逻辑设计 / 数字逻辑设计实验 | | | | |
| 二年级下 | 离散数学（下） | | 数据结构 | 计算机系统综合实践 | | |
| 三年级上 | | | 算法设计与分析 | 计算机网络 | | |
| 三年级下 | | | 软件工程 编译原理 | 计算机体系结构 | | |
| 四年级上 | | | 软件工程综合实践 | | 人工智能导论 数据库原理与技术 嵌入式系统 / 计算机图形学 | |
| 四年级下 | | | | | 机器学习 物联网导论 大数据分析技术 数字图像技术 | |

面向新工科专业建设计算机系列教材

# 算法设计与问题求解

## （第 2 版·微课版）

邓泽林　李　峰◎主编

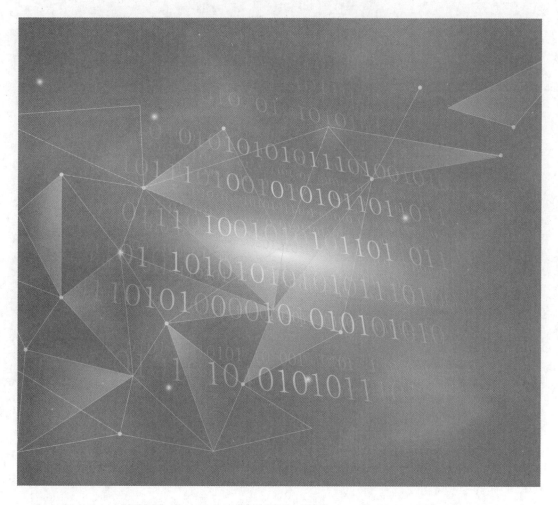

清华大学出版社
北京

# 内 容 简 介

本书注重培养读者的算法设计与分析、问题求解的能力。本书读者需要掌握程序设计、数据结构等基础知识，并具备一定的编程能力。

本书以算法设计与分析为主线，通过问题和案例引入内容，重点讲解利用算法求解问题的思路、算法执行过程及能力拓展。本书主要介绍了算法基础、递归算法设计、蛮力法、分治法、回溯法、贪心法、分支限界法、动态规划、图算法设计等，讲解了背包问题、任务分配问题、批处理作业调度问题、最优装载问题、旅行商问题、计算几何等经典问题，并提供了能力拓展环节，引导读者开展算法应用实践。算法使用 C 语言程序、伪代码等形式加以描述，并用图解的形式详细描述算法的执行过程，使读者能够深入了解算法的运行过程和结果。

本书可作为本科院校算法设计与分析的教学用书，也可作为从事算法设计的科技人员、算法竞赛选手的参考书及培训教材。

**图书在版编目（CIP）数据**

算法设计与问题求解：微课版/邓泽林，李峰主编. —2 版. —北京：清华大学出版社，2024.2
面向新工科专业建设计算机系列教材
ISBN 978-7-302-65680-7

Ⅰ. ①算… Ⅱ. ①邓… ②李… Ⅲ. ①算法设计—教材 Ⅳ. ①TP301.6

中国国家版本馆 CIP 数据核字(2024)第 025927 号

责任编辑：白立军　薛　阳
封面设计：刘　乾
责任校对：李建庄
责任印制：沈　露

出版发行：清华大学出版社
　　　　　网　　　址：https://www.tup.com.cn，https://www.wqxuetang.com
　　　　　地　　　址：北京清华大学学研大厦 A 座　　　邮　　编：100084
　　　　　社 总 机：010-83470000　　　　　　　　　　邮　　购：010-62786544
　　　　　投稿与读者服务：010-62776969，c-service@tup.tsinghua.edu.cn
　　　　　质量反馈：010-62772015，zhiliang@tup.tsinghua.edu.cn
　　　　　课件下载：https://www.tup.com.cn，010-83470236
印 装 者：三河市龙大印装有限公司
经　　销：全国新华书店
开　　本：185mm×260mm　　印　张：16.75　　插　页：1　　字　　数：405 千字
版　　次：2022 年 8 月第 1 版　　2024 年 3 月第 2 版　　印　　次：2024 年 3 月第 1 次印刷
定　　价：59.00 元

产品编号：104530-01

# 出版说明

## 一、系列教材背景

人类已经进入智能时代,云计算、大数据、物联网、人工智能、机器人、量子计算等是这个时代最重要的技术热点。为了适应和满足时代发展对人才培养的需要,2017 年 2 月以来,教育部积极推进新工科建设,先后形成了"复旦共识""天大行动""北京指南",并发布了《教育部高等教育司关于开展新工科研究与实践的通知》《教育部办公厅关于推荐新工科研究与实践项目的通知》,全力探索形成领跑全球工程教育的中国模式、中国经验,助力高等教育强国建设。新工科有两个内涵:一是新的工科专业;二是传统工科专业的新需求。新工科建设将促进一批新专业的发展,这批新专业有的是依托于现有计算机类专业派生、扩展而成的,有的是多个专业有机整合而成的。由计算机类专业派生、扩展形成的新工科专业有计算机科学与技术、软件工程、网络工程、物联网工程、信息管理与信息系统、数据科学与大数据技术等。由计算机类学科交叉融合形成的新工科专业有网络空间安全、人工智能、机器人工程、数字媒体技术、智能科学与技术等。

在新工科建设的"九个一批"中,明确提出"建设一批体现产业和技术最新发展的新课程""建设一批产业急需的新兴工科专业"。新课程和新专业的持续建设,都需要以适应新工科教育的教材作为支撑。由于各个专业之间的课程相互交叉,但是又不能相互包含,所以在选题方向上,既考虑由计算机类专业派生、扩展形成的新工科专业的选题,又考虑由计算机类专业交叉融合形成的新工科专业的选题,特别是网络空间安全专业、智能科学与技术专业的选题。基于此,清华大学出版社计划出版"面向新工科专业建设计算机系列教材"。

## 二、教材定位

教材使用对象为"211 工程"高校或同等水平及以上高校计算机类专业及相关专业学生。

## 三、教材编写原则

(1) 借鉴 *Computer Science Curricula* 2013(以下简称 CS2013)。CS2013 的核心知识领域包括算法与复杂度、体系结构与组织、计算科学、离散结构、图形学与可视化、人机交互、信息保障与安全、信息管理、智能系统、网络与通信、操作系统、基于平台的开发、并行与分布式计算、程序设计语言、软件开发基础、软件工程、系统基础、社会问题与专业实践等内容。

(2) 处理好理论与技能培养的关系,注重理论与实践相结合,加强对学生思维方式的训练和计算思维的培养。计算机专业学生能力的培养特别强调理论学习、计算思维培养和实践训练。本系列教材以"重视理论,加强计算思维培养,突出案例和实践应用"为主要目标。

(3) 为便于教学,在纸质教材的基础上,融合多种形式的教学辅助材料。每本教材可以有主教材、教师用书、习题解答、实验指导等。特别是在数字资源建设方面,可以结合当前出版融合的趋势,做好立体化教材建设,可考虑加上微课、微视频、二维码、MOOC 等扩展资源。

## 四、教材特点

### 1. 满足新工科专业建设的需要

系列教材涵盖计算机科学与技术、软件工程、物联网工程、数据科学与大数据技术、网络空间安全、人工智能等专业的课程。

### 2. 案例体现传统工科专业的新需求

编写时,以案例驱动、任务引导,特别是有一些新应用场景的案例。

### 3. 循序渐进,内容全面

讲解基础知识和实用案例时,由简单到复杂,循序渐进,系统讲解。

### 4. 资源丰富,立体化建设

除了教学课件外,还可以提供教学大纲、教学计划、微视频等扩展资源,以方便教学。

## 五、优先出版

### 1. 精品课程配套教材

主要包括国家级或省级的精品课程和精品资源共享课的配套教材。

### 2. 传统优秀改版教材

对于已经出版的、得到市场认可的优秀教材,由于新技术的发展,计划给图书配上新的教学形式、教学资源的改版教材。

### 3. 前沿技术与热点教材

反映计算机前沿和当前热点的相关教材,例如云计算、大数据、人工智能、物联网、网络空间安全等方面的教材。

## 六、联系方式

联系人：白立军

联系电话：010-83470179

联系和投稿邮箱：bailj@tup.tsinghua.edu.cn

"面向新工科专业建设计算机系列教材"编委会

2019 年 6 月

# 面向新工科专业建设计算机系列教材编委会

| 毛晓光 | 国防科技大学计算机学院 | 副院长/教授 |
| --- | --- | --- |
| 明　仲 | 深圳大学计算机与软件学院 | 院长/教授 |
| 彭进业 | 西北大学信息科学与技术学院 | 院长/教授 |
| 钱德沛 | 北京航空航天大学计算机学院 | 中国科学院院士/教授 |
| 申恒涛 | 电子科技大学计算机科学与工程学院 | 院长/教授 |
| 苏　森 | 北京邮电大学 | 副校长/教授 |
| 汪　萌 | 合肥工业大学 | 副校长/教授 |
| 王长波 | 华东师范大学计算机科学与软件工程学院 | 常务副院长/教授 |
| 王劲松 | 天津理工大学计算机科学与工程学院 | 院长/教授 |
| 王良民 | 江苏大学计算机科学与通信工程学院 | 院长/教授 |
| 王　泉 | 西安电子科技大学 | 副校长/教授 |
| 王晓阳 | 复旦大学计算机科学技术学院 | 教授 |
| 王　义 | 东北大学计算机科学与工程学院 | 教授 |
| 魏晓辉 | 吉林大学计算机科学与技术学院 | 院长/教授 |
| 文继荣 | 中国人民大学信息学院 | 院长/教授 |
| 翁　健 | 暨南大学 | 副校长/教授 |
| 吴　迪 | 中山大学计算机学院 | 副院长/教授 |
| 吴　卿 | 杭州电子科技大学 | 教授 |
| 武永卫 | 清华大学计算机科学与技术系 | 副主任/教授 |
| 肖国强 | 西南大学计算机与信息科学学院 | 院长/教授 |
| 熊盛武 | 武汉理工大学计算机科学与技术学院 | 院长/教授 |
| 徐　伟 | 陆军工程大学指挥控制工程学院 | 院长/副教授 |
| 杨　鉴 | 云南大学信息学院 | 教授 |
| 杨　燕 | 西南交通大学信息科学与技术学院 | 副院长/教授 |
| 杨　震 | 北京工业大学信息学部 | 副主任/教授 |
| 姚　力 | 北京师范大学人工智能学院 | 执行院长/教授 |
| 叶保留 | 河海大学计算机与信息学院 | 院长/教授 |
| 印桂生 | 哈尔滨工程大学计算机科学与技术学院 | 院长/教授 |
| 袁晓洁 | 南开大学计算机学院 | 院长/教授 |
| 张春元 | 国防科技大学计算机学院 | 教授 |
| 张　强 | 大连理工大学计算机科学与技术学院 | 院长/教授 |
| 张清华 | 重庆邮电大学 | 副校长/教授 |
| 张艳宁 | 西北工业大学 | 副校长/教授 |
| 赵建平 | 长春理工大学计算机科学技术学院 | 院长/教授 |
| 郑新奇 | 中国地质大学(北京)信息工程学院 | 院长/教授 |
| 仲　红 | 安徽大学计算机科学与技术学院 | 院长/教授 |
| 周　勇 | 中国矿业大学计算机科学与技术学院 | 院长/教授 |
| 周志华 | 南京大学计算机科学与技术系 | 系主任/教授 |
| 邹北骥 | 中南大学计算机学院 | 教授 |

秘书长:

| 白立军 | 清华大学出版社 | 副编审 |
| --- | --- | --- |

# FOREWORD
# 前言

　　2019年教育部发布了《教育部关于深化本科教育教学改革,全面提高人才培养质量的意见》,提出了大学教育要围绕学生忙起来、激励学生刻苦学习、全面提高课程建设质量等要求,实施国家级和省级一流课程建设"双万计划",着力打造一大批具有高阶性、创新性和挑战度(两性一度)的"金课",推动课堂教学革命。为响应号召,落实人才培养质量意见,特编写本教材来引导计算机类专业学生进行创新性、高阶性学习,通过完成具有挑战度的任务,提高学生算法设计能力、问题求解能力。

　　算法是解决复杂问题的精髓和灵魂,在信息技术飞速发展的今天,算法被广泛应用于工程问题、科学问题的求解,如背包问题、旅行商问题、作业调度问题、最优装载问题、任务分配问题等经典问题,以及图像分类、自然语言处理、智慧医疗等具有挑战度的前沿科研、工程等问题。

　　算法设计与问题求解能力是评判计算机类专业学生是否具有良好专业素养的标准之一。本教材的主要目的是:①传授经典算法知识,引导学生进入算法领域,掌握基本的算法设计方法和艺术;②通过能力拓展和创新性的问题求解,培养计算机类专业学生的问题分析与建模能力,并通过程序语言加以实现的能力,指导学生开展高阶性和高挑战度的问题求解实践。教师可以利用本教材方便地进行教学改革,开发出以能力培养为导向的教学模式,跳出传统"知识传递"型课堂的教学思维,切实落实"以学生为中心"的教学理念。

　　本书针对计算机科学与技术、软件工程、网络工程、数据科学与大数据、数学等计算机相关专业的发展需求,全面介绍了算法的基础知识,详细介绍了算法的特点及复杂度分析,同时介绍了蛮力法、递归法、分治法、贪心法、回溯法、分支限界法、图算法、随机算法、计算复杂性等经典内容,帮助读者构建算法基础知识体系。在有的章节中引入了能力拓展环节,引导读者利用学习的算法知识来求解非传统问题,提高课程的挑战度。每章后提供了创新性的习题,进一步巩固读者的计算思维能力和问题求解能力。

　　本书的重点、难点部分提供了微课视频,供读者自学或者课后释疑,从多个角度来引导读者开展自主学习,达到培养和提升读者问题求解能力的目的。

　　本书由邓泽林、李峰主编,邓泽林、李峰、陈曦、罗元盛等参与编写。其中,李峰负责统筹编写工作,邓泽林负责整体规划,并撰写了第 1 章、第 2 章、第 5 章、第 6 章、第 7 章、第 8 章、第 9 章;陈曦负责编写第 4 章、第 11 章;罗元盛负责编写第 3 章、第 10 章、第 12 章。本书的编写得到了黄舒怡、陈彬彬、周倩男、刘康为、陈文俊、郑伟、贺达、杭帆、邓俊、杨琰、李春杰等ACM 选手的支持,他们在问题题解、算法实现上提供了大量的帮助。

　　本书的课件通过扫描如下二维码下载:

算法设计与问题求解 PPT

作　者

2023 年 11 月

# CONTENTS
## 目录

# 算 法 基 础

## ◈ 1.1　算 法 概 念

算法(Algorithm)是对解题方案的准确而完整的描述,通过一系列解决问题的清晰指令来描述问题的程序化解决方案。对于符合一定规范的输入,能够在有限时间内获得所要求的输出。算法中指令描述的是一个计算,当其运行时能从一个初始状态(可能为空的)和初始输入开始,经过一系列有限而清晰定义的状态,最终产生输出并停止于一个终态。一个状态到另一个状态的转移不一定是确定的。

一个算法应该具有以下 5 个重要的特征。

(1) 有穷性:算法的有穷性是指算法必须能在执行有限个步骤之后终止。

(2) 确切性:算法的每一步骤必须有确切的定义。

(3) 输入项:有 0 个或多个输入,0 个输入是指算法本身定出了初始条件。

(4) 输出项:有一个或多个输出,以反映对输入数据加工后的结果。

(5) 可行性:算法中执行的任何计算步骤都是可以被分解为基本的可执行的操作步骤,即每个计算步骤都可以在有限时间内完成(也称之为有效性)。

## ◈ 1.2　算 法 描 述

算法描述是指对算法用一种方式进行详细的描述,可以使用自然语言、伪代码(Pseudocode),也可使用程序流程图,但描述的结果必须满足算法的 5 个特征。

伪代码是一种类似于英语结构的语言,用于描述模块功能,可以将整个算法运行过程的结构用接近自然语言的形式进行描述。由于伪代码结构清晰、代码简单、可读性好,并且类似自然语言,在算法设计中得到了广泛使用。

例 1.1　使用伪代码描述冒泡排序算法。

```
//算法 BubbleSort(A, n)
//输入: 数组 A、元素个数 n
//输出: 排序后的数组
for i←1 to n - 1 do                    //将 1 赋值给 i,执行 1～n-1 轮循环
```

```
        for j←i to n - i - 1 do          //将 i 赋值给 j,执行循环
            if A[j] < A[j + 1] then      //判断
                交换 A[j]与 A[j + 1]的值
            end if
        end for
    end for
    return A
```

显然,BubbleSort 算法的伪代码描述与具体程序语言无关,而是用比较接近自然语言的形式对算法过程进行描述,方便算法设计与沟通。

# ◆ 1.3  算法主要类别及典型问题

## 1.3.1  递归法

程序调用自身的编程技巧称为递归(Recursion)。一个过程或函数在其定义或说明中有直接或间接调用自身的一种方法,把一个大型复杂的问题层层转化为一个与原问题相似的规模较小的问题来求解。

**例 1.2**  用递归法求解 Fibonacci 数列中第 $n$ 个数。

```
//算法: Fibonacci_recursive(n)
//输入: 整数 n
//输出: Fibonacci 数列中第 n 个数
if n = 1 or n = 2 then
    return 1
else
    return Fibonacci_recursive(n - 1) + Fibonacci_recursive(n - 2)
end if
```

递归法只需少量的程序就可描述出解题过程所需要的多次重复计算,大大减少了程序的代码量。一般来说,递归需要有边界条件、递归前进段和递归返回段。当边界条件不满足时,递归前进;当边界条件满足时,递归返回。

## 1.3.2  递推法

递推法的思想是把一个复杂而庞大的计算过程转化为简单过程的多次重复。

**例 1.3**  用递推法求解 Fibonacci 数列中第 $n(n \geqslant 3)$ 个数。

```
//算法: Fibonacci_recurrence(n)
//输入: 整数 n
//输出: Fibonacci 数列中第 n 个数
f₀←1, f₁←1
f₂←0
for i←3 to n do
    f₂←f₀+f₁
```

```
        f0←f1
        f1←f2
    end for
    return f2
```

### 1.3.3　穷举法

穷举法(又称蛮力法)通过列举出问题的所有可能的情况,逐个判断是否符合问题约束,如果符合则得到问题的一个解。

例 1.4　百钱买百鸡问题。

我国古代数学家张丘建在《算经》一书中曾提出过著名的"百钱买百鸡"问题,该问题叙述如下:鸡翁一,值钱五;鸡母一,值钱三;鸡雏三,值钱一;百钱买百鸡,则翁、母、雏各几何?

通过问题描述可知该问题是三元一次方程问题,但只有两个方程,所以可能存在多组解。设鸡翁 $x(0 \leqslant x \leqslant 20)$ 只、鸡母 $y(0 \leqslant y \leqslant 33)$ 只、鸡雏 $z(100-x-y)$ 只,则算法需要穷举所有组合,并判断每个组合是否满足问题约束,如果满足,则是问题的解,算法如下。

```
for x←1 to 20 do
    for y←1 to 33 do
        z←100 - x - y
        if 5 * x + 3 * y + z/3 = 100 and z mod 3 = 0
        then
            输出鸡翁 x 只,鸡母 y 只,鸡雏 z 只
        end if
    end for
end for
```

### 1.3.4　贪心算法

贪心算法(又称贪婪算法)在求解问题的过程中总是做出在当前格局下最好的决策,并不从整体最优上加以考虑。因此,贪心法得到的往往是问题的局部最优解。贪心算法是一种对某些求最优解问题的更简单、更迅速的设计技术。

求最短路径的 Dijkstra 算法实际上是一个贪心算法,因为该算法总是试图优先访问每一步循环中距离起始点最近的下一个顶点。

例 1.5　最短路径 Dijkstra 算法伪代码。

```
//算法: Dijkstra(G(V,E),s)
S←{s}
U←V-{s}
for j←1 to |U| do
    k←argmin_{k∈U}dist(k,s)
    S←S+{k}
```

```
U←U - {k}
for i←1 to |U| do
        dist(s,U[i])=min{dist(s,U[i]),dist(s,k)+dist(k,U[i])}
end for
end for
```

对于单源点最短路径问题,Dijkstra 算法能够求出全局最优值。

## 1.3.5　分治法

分治法主要包括将原问题分为相同或相似的子问题、对子问题进行求解、合并子问题的解这几个主要的步骤。其中,对子问题进行求解可能会进一步分成更小的问题,这是一个递归求解的过程,直到更小的问题能够直接求解。

折半查找即利用分治法的思想进行问题求解,通过将搜索范围折半,将原问题分解为两个相同的问题,持续分解子问题直到找到所查找元素的位置或者确定不存在该元素。

例 1.6　折半查找算法伪代码。

```
//算法: BinarySearch(A, x)
//输入: 有序序列 A 及要查找的元素 x
//输出: x 在序列 A 中的位置
low←1; high←n; j←-1
while low ≤ high do
  mid = (low + high)/2
  if x=A[mid] then
     j←mid
     break
  end if
  if x < A[mid] then high←mid - 1
  else low←mid + 1
  end if
end while
return j
```

## 1.3.6　动态规划法

动态规划法是一种在数学和计算机科学中求解包含重叠子问题的最优化方法。其基本思想是将原问题分解为相似的子问题,在求解的过程中通过子问题的解求出原问题的解。动态规划法适用于具有重叠子问题的问题,通过表格技术存储子问题的求解结果,并通过查表避免重复计算,实现"以空间换时间"的算法设计目标。

利用递归求解 Fibonacci 数列第 $n$ 项问题时,存在大量的重复计算,会消耗过多的 CPU 资源,导致算法运行时间变长,如图 1.1 所示。

如果使用一维数组 $a$ 顺序存放 $f(i)$ 的值,即 $a[i]=f(i)$,则在后续计算中需要重复计算 $f(i)$ 的值时,通过查表即可获得值为 $a[i]$,减少了计算需求,提高了算法性能。

例 1.7　求 Fibonacci 数列第 $n(n \geqslant 3)$ 项动态规划伪代码。

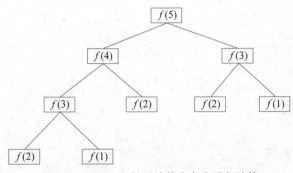

图 1.1 Fibonacci 数列计算中存在重复计算

```
//算法: Fibonacci_dp(n)
//输入: n
//输出: Fibonacci 数列中第 n 个数
定义数组 a[1..n]
a[0] = 1
a[1] = 1
for i←1 to n do
    a[i]←a[i - 1] + a[i - 2]
end for
return a[n]
```

在动态规划求解过程中,由于计算 $a[i]$ 只需要 $a[i-1]$ 和 $a[i-2]$,所以可以通过定义两个变量 $f_0$、$f_1$ 代替数组 $a$,减少算法的内存需要,优化后的算法即为 Fibonacci_ recurrence 算法。

## 1.3.7 分支限界法

分支限界法是对有约束条件最优化问题的所有可行解(数目有限)空间进行搜索。搜索策略是基于广度优先原则(主要利用优先队列),优先扩展当前搜索结点的所有子结点,并利用限界函数剪切不符合问题约束的分支,减少搜索空间,提高算法性能。分支限界法本质上是穷举法,但因为有限界函数剪枝的作用可以减小搜索空间,因此,其效率一般要高于穷举法。

例 1.8 分支限界法通用模板伪代码。

```
算法: BranchBound(t)
//输入: 根结点 t
//输出: 可行解
队列 Q←t
while Q≠∅ do
t←Q 队首元素
    for j←r₁ to rₖ do                    //结点 t 的 k 个分支
    node←利用 j 产生的新结点
        if 依据限界函数评价 node 可行 then    //如果不可行则剪枝
```

```
            if 是目标解 then
                输出
                return
            else if 是部分解 then
                        Q←Q + {node}
            end if
        end if
    end for
end while
```

### 1.3.8　回溯法

回溯法(探索与回溯法)是一种选优搜索法,按选优条件向前搜索,以达到目标。选优策略采用深度优先原则进行,并结合剪枝函数来减少搜索范围,提高算法执行效率。剪枝函数主要是两类:当前选择不符合问题约束或者不能达到最优的部分解。

迷宫问题是求一条从指定起点到达指定终点的搜索问题,搜索过程从起点出发,按照上、下、左、右4个方向按深度优先原则(递归调用)进行搜索,如果相邻点不可通过(不符合问题约束),则放弃当前搜索方向(剪枝),转而搜索其他方向,直到到达终点。

例 1.9　迷宫问题求解伪代码。

```
//算法: maze(sx,sy,ex,ey,stepx[],stepy[])
//输入: sx、sy 是起点,ex、ey 是终点,stepx[]、stepy[]是 4 个移动方向
//输出: 可以通过的一条路径
if sx = ex and sy = ey then
    输出路径
    return
end if
for i←1 to 4 do                        //搜索 4 个方向
    sx←sx + stepx[i]
    sy←sy + stepy[i]
    if 符合问题约束 then               //在迷宫范围内,且相邻点可以通过
        maze(sx,sy,ex,ey,stepx,stepy)  //深度优先搜索
    end if
end for
```

## ◈ 1.4　算法复杂度

### 1.4.1　算法输入规模度量

通常情况下,面对规模越大的输入,算法的执行时间越长。如排序算法中参与排序的数据量越大,则算法运行时间越长;汉诺塔问题中盘子的数量越多,则计算耗费的时间越长。所以,算法的效率是一个以算法输入规模 $n$ 为参数的函数。

正确地选择算法输入规模的度量单位需要考虑算法的操作细节。例如,对于查找问题,

算法的输入规模为目标数组的元素个数;字符串匹配算法 KMP 的输入规模为目标串长度、模式串长度;Dijkstra 算法的输入规模为图的顶点数量及边的数量。

## 1.4.2 算法运行时间的度量

算法运行时间通过实际机器运行获得,这高度依赖于特定计算机的运行速度、硬件环境等因素,无法形成算法效率的度量标准。实际上,算法的时间开销可以通过算法的基本操作的执行次数进行度量,这种方法与具体的机器无关,具有良好的通用性。

算法中的基本操作主要包括数学运算、逻辑判断、循环等,其中循环是重要的基本操作。具有实际问题求解能力的算法通常都包含了与问题规模相关的循环语句,这个基本操作往往决定了算法的时间效率。

因此,在对输入为 $n$ 的算法进行时间效率分析时,只需要统计其基本操作的执行次数 $C(n)$,则算法的执行时间 $T(n)$ 为 $C(n)$ 与机器执行基本操作指令的时间之积。

## 1.4.3 渐进符号

渐进符号是分析算法时间复杂度的常用记号,对于规模为 $n$ 的问题,当 $n$ 足够大时可以忽略复杂度表达式中的低阶项和最高次项的系数,由此引出"渐进复杂度",并且用渐进符号对"渐进复杂度"进行表达。

**1. 渐进上界符号 $O$**

定义:若存在正常数 $c$ 和非负整数 $n_0$,使得对于任意 $n \geqslant n_0$,都有 $T(n) \leqslant cf(n)$,则称 $T(n) = O(f(n))$。

大 $O$ 符号的含义如图 1.2 所示。

大 $O$ 符号用于描述增长率的上限,这个上限的阶越低,结果就越有价值。

例如,当 $c=1$、$n_0 \geqslant 11$ 时,$10n+3 \leqslant n^2$ 成立,则 $10n+3 = O(n^2)$。

图 1.2 大 $O$ 符号的含义

$n^2$ 的增长速度要远远高于 $n$,因此,$O(n^2)$ 的阶比较高,没有太大的价值。

当 $c=11$、$n_0 \geqslant 3$ 时,$10n+3 \leqslant 11n$ 成立,则 $10n+3 = O(n)$。

$O(n)$ 的阶很好地描述了 $10n+3$ 的增长率,具有更好的价值。

**2. 渐进下界符号 $\Omega$**

若存在正常数 $c$ 和 $n_0$,使得当 $n \geqslant n_0$ 时,都有 $T(n) \geqslant cg(n)$,则 $T(n) = \Omega(g(n))$。

大 $\Omega$ 符号的含义如图 1.3 所示。

大 $\Omega$ 符号常用于分析某个问题或某类算法的时间下界,这个下限的阶越高,结果就越有价值。

例如,当 $c=10$、$n_0 \geqslant 3$ 时,$n^3+3 \geqslant 10n$ 成立,因此 $n^3+3 \in \Omega(n)$。

当 $c=5$、$n_0 \geqslant 6$ 时,$n^3+3 \geqslant 5n^2$ 成立,因此 $n^3+3 \in \Omega(n^2)$。

显然,第二个下限的阶要高于第一个下限的阶,具有更好的价值。

**3. 紧确界符号 $\Theta$**

定义:若存在正常数 $c_1$、$c_2$ 和非负整数 $n_0$,对于任意 $n \geqslant n_0$,都有 $c_1 f(n) \geqslant T(n) \geqslant c_2 f(n)$,则称 $T(n) = \Theta(f(n))$。

$\Theta$ 符号的含义如图 1.4 所示。

图 1.3  渐进下界符号 $\Omega$ 的含义

图 1.4  紧确界符号 $\Theta$ 的含义

$\Theta$ 符号意味着 $\Theta$ 与 $f(n)$ 同阶,用于表示算法的精确阶。

证明 $3n^2 + 5 \in \Theta(n^2)$。

当 $n_0 \geqslant 2$ 时,$3n^2 + 5 \geqslant 3n^2$ 且 $3n^2 + 5 \leqslant 6n^2$。

因此,可以选择 $n_0 = 2$、$c_1 = 6$、$c_2 = 3$ 使得 $3n^2 + 5 \in \Theta(n^2)$ 成立。

## 1.4.4  算法复杂度分析

算法复杂度指的是算法运行所需要计算机资源的量,需要时间资源的量称为时间复杂度,需要的空间资源量称为空间复杂度。

算法效率的度量是评价算法优劣的重要依据。一个算法复杂度的高低体现在运行该算法所需要计算机资源的多少,所需的资源越多说明算法的复杂度越高;反之,所需的资源越低,则算法的复杂度越低。

**1. 非递归算法复杂度分析**

**例 1.10**  顺序查找算法复杂度分析。

```
//算法: SequentialSearch(A[1..n],x)
//输入: 数组 A,待查找的元素 x
//输出: 元素 x 在数组 A 中的位置
for i←1 to n do
    if x = A[i] then return i
    end if
end for
return -1
```

算法中主要操作集中在循环中,主要是比较操作 $x = A[i]$,因此算法规模可由循环次

数 $n$ 决定。把 $C(n)$ 记作比较运算的执行次数,每次循环执行 1 次比较,则算法主要操作的执行总数为

$$C(n) = \sum_{n=1}^{n} 1 = n - 1$$

故算法的复杂度为 $O(n)$。

例 1.11 选择排序算法复杂度分析。

```
//算法: SelectionSort(A,n)
//输入: 数组 A,元素个数 n
//输出: 排序后的数组
for j←1 to n do
    i←j
    key←A[i]
    for i to n do
        if key > A[i] then
            key←A[i]
            k←i
        end if
    end for
    A[k]←A[j]
    A[j]←key
end for
return A
```

选择排序算法的结构为双重循环,循环的次数与数组大小 $n$ 成正比关系,因此,问题的规模为 $n$。外层循环中的操作包含赋值($i←j$、$key←A[i]$ 等)、内层循环操作,两者中内层循环是主要操作,包含判断、赋值等操作,每次循环的操作数量为常数次。记每轮循环的常数次操作数为 $c$,则算法主要操作执行次数为

$$C(n) = c \sum_{j=1}^{n} \sum_{i=j}^{n} 1$$

展开内层:

$$C(n) = c \sum_{j=1}^{n} (n - j + 1)$$

求和可得

$$C(n) = c(1 + 2 + 3 + \cdots + n) = \frac{c}{2} n(n+1)$$

因此,选择排序的复杂度为 $O(n^2)$。

例 1.12 图的全源点最短路径 Floyd 算法复杂度分析。

弗洛伊德(Floyd)算法是用于求图中任意两点之间最短路径的算法,通过逐次迭代更新任意两点之间的最短路径,其算法的主要过程如下。

```
//算法: Floyd
for k←0 to n do
    for i←0 to n do
```

```
        for j←0 to n do
            if dis[i, k] != ∞ and dis[k,j] != ∞ and dis[i, k]+dis[k, j] < dis[i, j] then
                dis[i, j]←dis[i, k] + dis[k, j]
            end if
        end for
    end for
end for
```

复杂度分析：该算法的主要结构是三重循环，计算操作集中在第三层循环中，操作主要包括判断和赋值。记 $C(n)$ 为规模为 $n$ 的图的操作次数，则有

$$C(n) = \sum_{k=0}^{n}\sum_{i=0}^{n}\sum_{j=0}^{n}1 = \sum_{k=0}^{n}\sum_{i=0}^{n}n = \sum_{k=0}^{n}n^2 = n^3$$

所以，算法复杂度为 $O(n^3)$。

**2. 递归算法复杂度分析**

例 1.13    分析递归法求 $n!$ 的复杂度。

对于任意非负整数 $n$，其阶乘根据下式计算：

$$n! = \begin{cases} n \times (n-1)! & n > 0 \\ 1 & n = 0 \end{cases}$$

利用递归算法求解 $n!$ 的伪代码如下。

```
//算法：Fac(n)
//输入：非负整数 n
//输出：n 的阶乘
if n = 0 then
    return 1
else
    return n * Fac(n-1)
end if
```

算法复杂度分析：在递归终止条件 $n=0$ 之前，都会执行 else 部分，即 $n * \text{Fac}(n-1)$，包括一个乘法操作，并递归进入下一层来求解一个规模更小的子问题。

记 Fac$(n)$ 计算的操作次数为 $T(n)$，则存在如下递推式：

$$T(n) = 1 + T(n-1)$$

所以，存在递归过程如下：

$$T(n) = 1 + T(n-1)$$
$$= 2 + T(n-2)$$
$$= 3 + T(n-3)$$

此过程一直递推下去，直到出现 $T(0)$，对应算法 $n=0$ 时的情况，此时，递归过程终止。

$$T(n) = 1 + T(n-1) = 2 + T(n-2) = \cdots = n + T(0) = n$$

所以，算法复杂度为 $O(n)$。

例 1.14    二分查找算法复杂度分析。

```
//算法：BinarySearchRecusive(A,start,end,key)
//输入：数组 A，起始位置 start，终止位置 end，要查找的数 key
//输出：key 在数组 A 中的位置
if end<start then return -1 end if
mid←(start + end)/2
if A[mid] = key then
    return mid
else if A[mid] > key then
    return BinarySearchRecusive(A,start,mid - 1,key)
else
    return BinarySearchRecusive(A,m + 1,end,key)
end if
```

其搜索过程形成一棵二叉树，如图 1.5 所示。

记数组规模为 $n$，搜索计算操作数量为 $T(n)$，根据 key 的情况决定在左子集或者右子集中搜索，则存在如下递推过程：

$$T(n) = 1 + T\left(\frac{n}{2}\right)$$

经过 $k$ 次递归，得到如下关系：

$$T(n) = 1 + T\left(\frac{n}{2}\right) = 2 + T\left(\frac{n}{2^2}\right) = \cdots$$
$$= k + T\left(\frac{n}{2^k}\right)$$

当 $1 \leqslant \frac{n}{2^k} < 2$ 时到达叶结点，此时，集合中仅存在一个元素，可以直接判断 key 是否与该元素相等，如果相等则可以确定其位置，如果不相等则说明集合中没有元素 key。

由 $1 \leqslant \frac{n}{2^k} < 2$ 可知：

$$\log_2 n - 1 < k \leqslant \log_2 n$$
$$k = \lfloor \log_2 n \rfloor$$

所以，算法复杂度为 $O(\log_2 n)$。

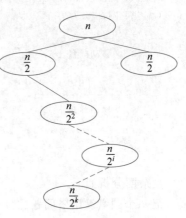

图 1.5 二分法搜索过程

例 1.15 求解汉诺塔问题算法复杂度的分析。

有 3 根柱子 a、b、c，在任意柱子上圆盘需满足上面的圆盘比下面的圆盘小，如图 1.6 所示。初始时，$n$ 个圆盘位于柱子 a 上，现要借助柱子 b，将柱子 a 上的圆盘移动到柱子 c 上。

这是一个经典的递归问题，可按如下规则进行思考。

（1）将初始位于 a 柱上的 $n$ 个圆盘视为两个圆盘，上面 $n-1$ 个圆盘视为一个圆盘，下面最大的圆盘视为一个圆盘。

（2）由此，问题被转换为两个圆盘的问题，可以通过 c 柱的辅助，将 a 柱上的 $n-1$ 个圆

图1.6 汉诺塔问题示例

盘移动到b柱上。

(3) 此时,可以直接将a柱上最大的圆盘直接移动到c柱上。

(4) 最后,借助a柱的辅助,将b柱上的 $n-1$ 个圆盘移动到c柱上。

其递归程序如下所示。

```
算法：Hanoi(n,a,b,c)
//输入：圆盘数量n,3根柱子a,b,c
//输出：圆盘移动顺序
if n = 1 then
    输出"移动圆盘1: a->c"
else
    Hanoi(n - 1,a,c,b)
    输出"移动圆盘n: a->c"
    Hanoi(n - 1,b,a,c)
end if
```

复杂度分析如下。

记 $n$ 个圆盘汉诺塔问题的计算次数为 $T(n)$,通过算法可知存在如下递推形式:

$$T(n) = 2T(n-1) + 1$$

进一步递推,有

$$T(n) = 2T(n-1) + 1 = 2(2T(n-2) + 1) + 1 = 2^2 T(n-2) + 2 + 1$$

继续递推,有

$$T(n) = 2^2 T(n-2) + 2 + 1 = 2^2 (2T(n-3) + 1) + 2 + 1$$

整理可得

$$T(n) = 2^3 T(n-3) + 2^2 + 2 + 1$$

用数学归纳法可知:

$$T(n) = 2^k T(n-k) + 2^{k-1} + 2^{k-2} + \cdots + 2 + 1$$

当 $k = n-1$ 时,有

$$T(n) = 2^{n-1} T(1) + 2^{n-2} + 2^{n-3} + \cdots + 2 + 1$$

由于 $2^{n-2} + 2^{n-3} + \cdots + 2 + 1 = 2^{n-1} - 1$,因此有

$$T(n) = 2^{n-1} T(1) + 2^{n-1} - 1$$

因为 $T(1) = 1$,所以复杂度为

$$T(n) = 2^{n-1} + 2^{n-1} - 1 = 2^n - 1$$

因此,算法复杂度为 $O(2^n)$。

这是一个 NP 问题,计算时间随着问题规模成指数增长,对于规模较大的汉诺塔问题计算机难以进行有效求解。

# ◆ 1.5 标准模板库

标准模板库(STL)是 C++ 语言提供的标准模板库,包括容器、迭代、算法等。在算法设计和实现中,大量使用 STL 提供的优先队列、栈等容器及排序等算法。因此,在进行算法设计之前需要掌握 STL 的使用。

## 1.5.1 动态数组 vector 的使用

vector 是一个封装了动态大小数组的顺序容器。跟任意其他类型容器一样,能够存放各种类型的对象。可以简单地认为,向量是一个能够存放任意类型的动态数组。

vector 相对于定长数组来说,其优势是能够在运行阶段设置数组的长度,在末尾增加新的数据,在中间插入新的值,长度可以任意改变。

接下来了解 vector 的基本用法。

```
vector<int> a;              //定义一个动态数组 a
a.size();                   //求出动态数组 a 的大小
a.push_back(1);             //往动态数组 a 末尾插入一个元素 1
a.pop_back();               //删除动态数组 a 末尾的元素
for(auto it = a.begin(); it != a.end(); it++) {     //使用迭代器的方式访问 vector
    cout << * it << " ";
}
```

vector 的示意图如图 1.7 所示。

图 1.7  vector 示意图

例 1.16  积木堆叠。

有 $n$ 块积木,编号分别为 $1\sim n$。开始时第 $i$ 块积木在位置 $i$,接下来进行 $m$ 次操作,每次操作把位置 b 上的积木整体置于位置 a 上面,求最后各个位置上的积木序号。

示例:

5 3(积木数量、操作数量)

1 2(把位置 1 上的积木都放于位置 2 上)

4 3(把位置 4 上的积木都放于位置 3 上)

2 5(把位置 2 上的积木都放于位置 5 上)

示例问题求解过程如图 1.8 所示。

图 1.8　积木堆叠过程

每个积木堆的大小不确定,如果用定长数组,会造成一定的空间浪费,而使用不定长数组 vector 解决则可以避免该问题。

参考代码如下。

```cpp
#include<vector>
using namespace std;
int n, m;
vector<int> v[10007];                //第一维长度固定,第二维长度不固定
int main()
{
    cin >> n >> m;
    for(int i = 1; i <= n; i++)
      v[i].push_back(i);             //初始第 i 块积木在位置 i
    int a, b;
    for(int i = 1; i <= m; i++)
    {
        cin >> a >> b;
        for(int j = 0; j < v[a].size(); j++)
            v[b].push_back(v[a][j]);  //把位置 a 的积木移到位置 b
        v[a].clear();                 //清空位置 a 的积木
    }
    for(int i = 1; i <= n; i++)
```

```
        {
            for(int j = 0; j < v[i].size(); j++)
                cout << v[i][j] << " ";
            cout << endl;
        }
    }
```

堆叠结果如下。

```
3 4
5 2 1
```

算法复杂度为 $O(nm)$。

## 1.5.2　集合 set 的使用

set 中每一个元素都是不同的,而且元素会按照从小到大进行排序,其基本使用如下所示。

```
set<int> st;             //定义一个空集合 st
st.insert(1);            //往集合中插入一个元素 1
st.clear();              //清除 st 集合中所有元素
st.find(1);              //返回一个指向被查找到元素的迭代器,注意是迭代器
int x = * st.begin();    //获得集合的第一个元素,* 表示对指针取值
for(auto it = st.begin(); it != st.end(); it++) {
                         //用迭代器遍历集合 s 里面的每一个元素
    cout << * it << " ";
}
```

set 的示意图如图 1.9 所示。

例 **1.17**　求并集。

给出两个集合 $\{A\}$ 和 $\{B\}$,请求出两个集合的并 $\{A\}+\{B\}$。集合 $\{A\}$ 的大小是 $n$,集合 $\{B\}$ 的大小是 $m$。

示例:

3 4($A$、$B$ 中元素个数分别为 3、4)

1 2 3($A$ 中各个元素)

2 3 4 5($B$ 中各个元素)

示例如图 1.10 所示。

图 1.9　set 示意图　　　　　　　　　图 1.10　求并集

容器 set 和数学中的集合一样,不存在重复元素,set 是关联式容器,元素在其中默认按从小到大排序,内部通常用红黑树实现,适合处理需要兼顾查找、插入、删除的情况。用 set 的性质即可快速方便地解决问题,把 $A$、$B$ 集合中的元素放入一个 set 进行自动排序即可。

set 中插入元素的复杂度近似 $O(\log_2 n)$,因此该解决方案的复杂度是 $O(m\log_2 n)$,其中 iterator 是 STL 中的迭代器,类似于指针,用于访问 STL 容器中的元素。

另外,set 中不会出现值相同的元素。如果需要有相同元素的集合,则要使用 multiset, 用法与 set 相似。

参考代码如下。

```cpp
#include<set>
int n, m;
set<int> s;
int main()
{
    cin >> n >> m;
    int x;
    for(int i = 1; i <= n + m; i++)
    {
        cin >> x;
        s.insert(x);
    }
    for(set<int>::iterator it = s.begin(); it != s.end(); ++it)
        cout << * it << " ";
}
```

示例问题求解结果如下。

```
1 2 3 4 5
```

### 1.5.3　映射 map 的使用

map 提供的是一种"键-值"对容器,里面的数据都成对出现,如图 1.11 所示。每一对数据中的第一个值称为关键字(key),每个关键字只能在 map 中出现一次;第二个值称为该关键字的对应值。

map 的基本使用方法如下所示。

```cpp
map<int, string> ID_Name;
ID_Name[2015] = "Echo";          //如果已经存在键值 2015,则会作赋值修改操作,
                                 //如果没有则插入
string tmp = ID_Name[2016];      //ID_Name 中没有关键字 2016,使用[]取值会导致插入
                                 //因此,下面语句不会报错,但 tmp = ""
bool flag = ID_Name.count(2015); //ID_Name 中查询 2015 的个数,如果不存在,
                                 //不会导致插入
```

例 1.18　成绩管理。

设计一个成绩管理系统,完成以下操作。

操作 1(格式如 1 s k):在系统中插入姓名为 s(只包含大小写字母),分数为 k(0<k<100)的学生。如果已存在该学生的记录,则更改该学生的成绩为 k。如果成功则输出 success。

操作 2(格式如 2 s):查询姓名为 s 的学生的成绩。如果没能找到这名学生则输出−1,否则输出该学生的成绩。

操作 3(格式如 3 s):在系统中删除姓名为 s 的记录。如果没能找到这名学生则输出−1,否则输出 success。

操作 4(格式如 4):输出系统中学生数量。

样例输入如下。

图 1.11　map 示意图

```
6(共 6 条操作)
1 abb 100
2 abb
3 abb
2 abb
1 baa 100
4
```

解题思路:map 是键到值的映射,能用于存储"键-值"对,其中元素的键是唯一的。map 重载了[]运算符,能像数组一样使用,可以用任意定义了<运算符的类型作为下标。

可以用 map<string, int>mp 表示"姓名到成绩"的映射,通过 mp["Tom"]=100 的方式赋值。与 set 一样,map 中增删改的复杂度近似 $O(\log_2 n)$,因此该解决方案的复杂度接近 $O(n\log_2 n)$。

与以 vector 为代表的序列式容器不同,map 和 set 都是关联式容器,底层通过红黑树实现,默认会根据各元素的键值的大小排序。

参考代码如下。

```cpp
#include<map>
int n;
map<string, int> mp;              //姓名到成绩的映射
string s;
int main()
{
    cin >> n;
    int op, x;
    for(int i = 1; i <= n; i++)
    {
        cin >> op;
        if(op == 1)
        {
            cin >> s >> x;
            mp[s] = x;
```

```
            cout << "success" << endl;
        }
        else if(op == 2)
        {
            cin >> s;
            if(mp.count(s))              //count 返回容器内键为 s 的元素个数
            {
                cout << mp[s] << endl;
            }
            else
                cout << "-1" << endl;
        }
        else if(op == 3)
        {
            cin >> s;
            if(mp.count(s))              //如果系统中存在该学生
            {
                mp.erase(s);            //删除键为 s 的元素
                cout << "success" << endl;
            }
            else
                cout << "-1" << endl;
        }
        else
        {
            cout << mp.size() << endl;        //元素数量,即系统中学生数量
        }
    }
    return 0;
}
```

示例求解结果如下。

```
success
100
success
-1
1
```

## 1.5.4　栈 stack 的使用

栈最主要的特征是后进先出(Last In First Out,LIFO),stack 的基本使用方法如下。

```
stack<int>sta;              //创建一个空的栈 sta
sta.push(1);                //在 sta 中放入一个元素 1
sta.pop();                  //删除 sta 的栈顶元素
```

```
int num = sta.top();                 //取出 sta 的栈顶元素
sta.empty();                         //判断 sta 是不是空的
sta.size();                          //求出 sta 的大小
```

stack 的示意图如图 1.12 所示。

**例 1.19**　括号匹配问题。

给定一个只包含（、）、[、]、{、}的字符串,现执行若干次删除操作。每次操作只能删除一对相邻同类型的左右括号,问字符串能否变为空。设字符串的长度为 $n$,题目保证:$1 \leqslant n \leqslant 100000$。

示例:字符串 s＝{[]()}的括号是否匹配。

解题思路:遍历字符串,遇到左括号则入栈;遇到右括号则出栈一个左括号,看是否与之匹配,若不匹配则栈不能为空,若匹配则继续遍历。遍历结束后再判断栈是否为空,为空则字符串可以变空,否则不行。具体过程如图 1.13 所示。

图 1.12　stack 示意图　　　　　图 1.13　括号匹配问题求解过程示例

因此,字符串 s 中的括号是匹配的,输出为 YES。

## 1.5.5　队列与优先队列的使用

队列的主要特性是先进先出(First In First Out,FIFO),队列的基本使用方法如下。

```
queue<int>que;                       //创建一个空的队列 que
que.push(1);                         //在 que 里面放入一个元素 1
que.pop();                           //删除 que 队列首部的元素
int now = que.front();               //取到队列首部的元素
```

```
que.empty();                    //判断 que 是不是空的
que.size();                     //求出 que 的大小
```

队列的示意图如图 1.14 所示。

图 1.14　队列的示意图

与队列不同,优先队列会按照重载的方法按优先级次序进行排序,基本使用方法如下所示。

```
//升序队列
priority_queue <int,vector<int>,greater<int> > q1;
//降序队列
priority_queue <int,vector<int>,less<int> > q2;
int first = q1.top();          //获得队列首部元素和队列不太一样,其他方法差不多
```

**例 1.20**　医生值班。

小明是今天医院的值班医生,该医院目前只有他一人,要诊断排队的若干病人。看病的人病情有轻重,所以不能根据简单的先来先服务的原则。医院对每种病情规定了 10 种不同的优先级,级别为 10 的优先级最高,级别为 1 的优先级最低。小明在看病时,会在他的队伍里面选择一个优先级最高的人进行诊治。如果遇到两个优先级一样的病人,则选择最早来排队的病人。

一共有两种事件。

(1) IN A,表示有一个拥有优先级 $A(1 \leqslant A \leqslant 10)$ 的病人要求小明诊治。

(2) OUT,表示小明进行了一次诊治,诊治完毕后,病人出院,如果无病人需要诊治,则输出 none。

请帮助小明模拟这个看病过程。

示例如下。

```
5(共 5 个事件)
IN 1
IN 2
IN 2
OUT
OUT
```

**解题思路**:该题可以通过优先队列 priority_queue 实现,过程如图 1.15 所示。

优先队列与队列一样,只能从队尾插入元素,从队首删除元素,仅支持查询或删除队首元素,不支持随机访问。队列中最大的元素总是位于队首,出队时将当前队列中最大的元素出队,而并非根据进队顺序。队列内元素默认按元素值由大到小排序,可以重载"<"操作符

图 1.15　医生值班过程模拟

来重新定义比较规则。

参考代码如下。

```cpp
struct patient
{
  int id, pri;                              //病人的 id 和优先级
  bool operator<(const patient &a) const    //重载小于符号
  {
      if(a.pri != pri)
          return a.pri > pri;               //优先级不同,优先级高的在前
      return a.id < id;                     //优先级相同,早来的人在前
  }
};
/* 之后写一个优先队列 priority_queue< patient> q,再在其中加入元素,元素会按照比较规
   则在队列中有序存放,主函数如下 */
int main()
{
  int n, nid = 1, npri;
  string op;
  priority_queue<patient> q;
  cin >> n;
  for(int i = 1; i <= n; i++)
  {
    cin >> op;
    if(op[0] == 'I')                        //IN 操作
    {
      cin >> npri;
      q.push({nid, npri});                  //一个 id 为 nid、优先级为 npri 的元素入队
      nid++;
    }
```

```
    else                        //OUT 操作
    {
      if(q.empty())             //队列中无元素
      {
        cout << "none" << endl;
      }
      else
      {
        cout << q.top().id << endl;    //输出队首元素的 id
        q.pop();                       //队首出队
      }
    }
  }
}
```

示例结果如下。

```
2
3
```

### 1.5.6  排序 sort 的使用

sort 函数可以对一个数组进行排序,默认是元素从小到大排序,也可以自定义一个函数来改变排序规则。

```
/*
 * 如果 cmp 函数返回为 true,那么 x 排在 y 的前面,否则 x 排在 y 的后面
 * 因为 x> y 返回为 true,所以这个 cmp 函数表示的意思是,大的元素在前面,小的元素在后面
 */
bool cmp(int x,int y){
  return x > y;
}
int main(){
  vector<int>vt;
  int a[10];
  //默认元素从小到大排序
  sort(vt.begin(),vt.end());
  sort(a,a+10);                      //第一个元素是 a[0],最后一个元素是 a[9]
  //自定义 cmp 函数
  sort(vt.begin(),vt.end(),cmp);    //按照 cmp 函数排序,这个 cmp 名称可以随意换
  sort(a,a+10,cmp);
}
```

**例 1.21**  成绩排序。

作为一个班的班主任,你要根据学生成绩对学生进行排名。每个学生有 4 门课成绩,分

别为语文、数学、外语、选考。排名规则如下：总分高的在前；如果总分相同，按语文、数学、外语顺序排序，分数高的在前；如果都相同，学号小的在前。请你按照规则对本班的同学进行排名，并将排名后的各学生学号按照排名输出。

示例如下。

```
3(共 3 位学生)
100 100 100 50(分别表示语文、数学、外语、选考成绩)
100 50 100 100
100 100 50 100
```

解题思路：本题需要使用 STL 里的 sort 函数，sort 函数可以对任意对象进行排序，只需要自定义排序方法。sort 函数需要 3 个参数，分别为排序的数组的起始地址、结束地址、排序方法(没有排序方法参数时默认升序排列)。sort 函数的使用依赖于 <algorithm> 头文件。因此，只需自定义学生结构体，根据题目所给出的规则编写排序方法即可。

参考代码如下。

```cpp
struct stu
{
  int sum;                       //总分
  int subsum;                    //语文、数学、外语的总分
  int id;
} s[200];
bool cmp(stu a, stu b)
{
  if(a.sum != b.sum)             //总分高的在前
    return a.sum > b.sum;
  if(a.subsum != b.subsum)       //总分一样,语文、数学、外语成绩高的在前
    return a.subsum > b.subsum;
  return a.id < b.id;            //都一样,学号小的在前
}
int main()
{
  cin >> n;
  int a, b, c, d;
  for(int i = 1; i <= n; i++)
  {
    cin >> a >> b >> c >> d;
    s[i].sum = a + b + c + d;
    s[i].subsum = s[i].sum - d;
    s[i].id = i;
  }
  sort(s + 1, s + n + 1, cmp);
  for(int i = 1; i <= n; i++)
    cout << s[i].id << " ";
}
```

示例结果如下。

1 2 3

## ◇习　题

1. 算法的 5 个特征是什么？
2. 写出合并两个有序序列的伪代码。
3. 写出冒泡排序的伪代码，并分析其复杂度。
4. 写出二叉树层次遍历伪代码。
5. 画出 $n=3$ 的汉诺塔问题的求解过程，并分析算法的复杂度。

# 第2章

# 递归算法设计

递归算法(Recursive Algorithm)是计算机科学领域中研究数据结构和算法一种非常重要的方法,在算法设计中被广泛使用。对于许多利用计算机解决的问题,递归思想为算法设计提供了一种简洁、易于理解且相对高效的途径。递归算法在执行过程中向自身发出一个或多个调用,或者在原问题的数据结构表示中依赖于相同类型结构的更小的实例表述。

## ◆ 2.1 概 念

递归是一种常见的程序设计方法,其基本思想是通过将一个大问题简化为一个或多个子问题来解决的过程,这些子问题要求在结构上与原始问题相同,并且子问题解决起来更简单。当子问题得到解决后将解返回到上一层,组合出上一层的解,逐层返回直到原问题得到求解。递归在许多算法和问题中都有应用,例如树的遍历、阶乘计算、斐波那契数列等。

## ◆ 2.2 递归算法设计思想

大多数情况下,一个问题是否能够使用递归的方法解决取决于问题本身。递归解决方案以一种相当简单的方式进行处理,该方案的第一步包括检查当前问题是否属于最简单的子问题,即不需要或不能再分解的子问题。最后,将这些子问题的解决方案重新组合,形成原始问题的解决方案。

递归算法的优点是它可以将复杂的问题简化为易于理解的部分,从而使问题的解决变得更加清晰。然而,不正确的递归实现可能导致无限循环或性能问题。因此,在使用递归时,确保可直接求解的最简子问题以及递归调用能够逐步收敛到最简子问题是非常重要的。

递归算法的时间复杂度分析主要采用递推法,通过求解递推关系,得到算法的时间复杂度表达式。递归算法空间复杂度计算,主要关注递归调用所消耗的栈空间。每次递归调用都会在内存中创建一个新的函数调用栈帧,保存局部变量、返回地址等信息。递归深度会直接影响栈的使用情况,可以通过分析递归的最大深度以及每个栈帧所需的空间估计算法的空间复杂度。

# ◆ 2.3　递归算法示例与过程分析

## 2.3.1　全排列问题

全排列

**例 2.1**　给定一个正整数 $n$,输出 $1 \sim n$ 的全排列。

全排列问题是找出 $n$ 个数的所有组合,共有 $n!$ 种,因此,该问题是一个 NP 难问题。以 $n = 3$ 为例,其全排列为

123、132、213、231、321、312

用[..]表示待求解的全排列子问题,问题求解思路如图 2.1 所示。当一个规模为 $n$ 的全排列问题[1,2,…,$n$]确定以 1 开头后,需要继续求解规模为 $n-1$ 的全排列子问题[2,…,$n$]。

```
┌─────────────────┐   确定第一个数为1   ┌─────────────────────┐
│ [1,2,…,n]的全排列 │ ──────────────▶  │ 1,[2,…,n]的全排列    │
└─────────────────┘                  └─────────────────────┘
```
图 2.1　全排列问题的转换

显然,该求解思路为递归方法。对于待求解的全排列问题,将问题中数字序列中所有的元素与序列中第一个元素交换,形成以任意一个数字开头的排列。对于 $n = 3$ 的全排列问题,其详细求解过程如图 2.2 所示,其中 A[0..2]表示数组$\{1,2,3\}$,A[$i$]↔A[$j$]表示交换数组中的元素 $i$ 和元素 $j$。

图 2.2　$n = 3$ 的全排列问题求解过程

　　将全排列问题$[1,2,3]$中的 A$[0]$、A$[1]$、A$[2]$分别与 A$[k]$交换$(k=0)$,可以形成以 1、2、3 开头的排列;对于子问题$[2,3]$,数字序列对应数组中的 A$[1]$、A$[2]$,分别与 A$[k]$交换$(k=1)$,可以形成以 2、3 开头的子排列;当问题规模为 1 时,如问题$[3]$的排列即为自己,此时输出一个完整的排列。因为在递归的过程中不停地交换元素,为保持正确的顺序,在递归返回时通过交换恢复数组的顺序。

　　完整代码如下。

```cpp
#include<iostream>
using namespace std;
void swap(int &a, int &b){
    int t=a;
    a=b;
    b=t;
}

//求规模为[k,…,n-1]的全排列问题
void permutation(int k, int n, int * a){
    //一个元素的子问题,此时排列已经确定,输出一个排列
    if(k==n-1){
        for(int i=0; i<n; i++){
            cout<<a[i]<<" ";
        }
        cout<<endl;
        return;
    }
//子问题中所有元素逐次与第 1 个元素(经过 k 次递归,子问题中的第 1 个元素实际
//是数组中的第 k 个元素)交换,形成不同开头的排列
    for(int j=k; j<n; j++){
        swap(a[k],a[j]);
        //求规模为[k+1,…,n-1]的全排列子问题
        permutation(k+1, n, a);
        //恢复原来的数组,使得下次递归前进行正确的交换
        swap(a[j],a[k]);
    }
}

int main(){
    int a[]={1,2,3};
    permutation(0,3,a);
    return 0;
}
```

　　运行结果如下。

```
1 2 3
1 3 2
2 1 3
2 3 1
3 2 1
3 1 2
```

### 2.3.2 逆波兰表达式

逆波兰表
达式求值

逆波兰表达式又叫作后缀表达式,是波兰逻辑学家 J·卢卡西维兹于 1929 年首先提出的一种表达式的表示方法,该方法不需要括号来改变运算的优先级,其主要特征是运算数位于运算符的前面。

逆波兰表达式定义如下。

(1) 一个数是一个逆波兰表达式。

(2) $A\ B$ op 是逆波兰表达式,其中 $A$ 和 $B$ 分别是逆波兰表达式,op 为运算符,其结果为 $A$ 和 $B$ 的值进行 op 运算的结果。

例 2.2  将表达式 $2*(3+5)-3-5/(2+3)$ 表示为逆波兰表达式,并求运算结果。

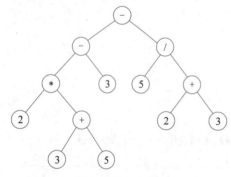

图 2.3  用二叉树表示算术表达式

表达式 $2*(3+5)-3-5/(2+3)$ 为中缀表达式,可表示为如图 2.3 所示的树结构,其中序序列即为所给的算术表达式。

将图 2.3 所示的二叉树按照后续遍历可得到逆波兰表达式:$2\ 3\ 5+\ *\ 3-\ 5\ 2\ 3+/-$。

以输入字符串 $s=2\ 3\ 5+\ *\ 3-\ 5\ 2\ 3+/-$ 为例来说明逆波兰表达式的递归求解思路。

(1) 从右向左扫描逆波兰表达式字符串 $s$。将 $s$ 看成表达式 $A\ B$ op,其中 $A$ 是以 op 为根的左子树表示的逆波兰表达式,$B$ 是以 op 为根的右子树表示的逆波兰表达式。

(2) 如果 $A$、$B$ 不为运算数,则递归求解子逆波兰问题 $A$ 和 $B$;如果为运算数,则返回该运算数。

表达式 $s=2\ 3\ 5+\ *\ 3-\ 5\ 2\ 3+/-$ 的递归求解过程如图 2.4 所示。

(1) 从右至左首先扫描到操作符一,递归;进入递归后扫描到的是操作符/,递归;进入递归后扫描到的是操作符+,递归;进入递归后扫描到运算数 3,递归。

(2) 从 3 开始继续向左扫描,跳过数字字符或者'.'直到碰到运算符或者空格,将字符子串转换为数字返回,形成子逆波兰表达式 B2 的值。

(3) 继续向左扫描,碰到数字字符 2,转换为数字返回,形成子逆波兰表达式 A2 的值。

(4) 至此,可求得表达式 A2 B2 +的结果为 5,由此可知子逆波兰表达式 B1 的值为 5;然后继续向左扫描,在 A1 范围内找到 A1 的真实子逆波兰表达式为 5,由此可得表达式 $B$ 的结果为 $5/5=1$。

(5) 按照这个过程继续求解子逆波兰表达式 $A$ 的值,直至求得最终结果。

图 2.4　逆波兰表达式的求解过程

完整代码如下。

```cpp
#include<iostream>
#include<fstream>

using namespace std;
//逆波兰表达式求解
//s为逆波兰表达式字符串,引用 i 为从右边第 i 个位置向左扫描,因为是引用
//类型,在递归过程中修改 i 的值在函数外也得到修改,相当于全局变量
float revbolan(string s, int &i){
    while(s[i] ==' ') i--;            //消除当前位置及左边的空格
    int len=0;
    //连续查找数字或小数点用于生成数据
    while(s[i] >='0' && s[i] <='9' || s[i] =='.'){
        i--;
        len++;
    }
```

```
//如果是数字,则说明是一个逆波兰表达式,返回数值
if(len >0) return stof(s.substr(i+1,len));
char op=s[i];
float opand1,opand2;
opand2=revbolan(s, --i);        //递归确定子逆波兰表达式 B 的值
opand1=revbolan(s,--i);         //递归确定子逆波兰表达式 A 的值
if(op=='+'){
    return opand1+opand2;
}else if(op=='-'){
    return opand1-opand2;
}else if(op=='*'){
    return opand1 * opand2;
}else{
    return opand1 / opand2;
}
}

//测试,带多余空格和小数点
int main(){
    string s="2 0.4    5.2 + * 3 -5 2 3 +/ -";
    int i=s.length()-1;
    float r=revbolan(s,i);
    cout<<"逆波兰表达式测试"<<endl;
    cout<<s<<"="<<r<<endl;
    return 0;
}
```

运算结果如下。

```
逆波兰表达式测试
2 0.4    5.2 + * 3 -5 2 3 +/ -=7.2
```

# ◆ 2.4  递归转换

## 2.4.1  递归转尾递归

尾递归是指一个函数在调用自身之后不再执行任何其他操作,而是将返回值直接传递给调用函数。尾递归函数的特点是在回归过程中不用做任何操作,大多数现代的编译器会利用这个特点自动生成优化的代码。当编译器检测到一个函数调用是尾递归时就覆盖当前的活动记录而不是在栈中去创建一个新的记录。通过覆盖当前的栈帧可以大大减小使用的栈空间,这使得实际的运行效率会变得更高。

1. 尾递归与非尾递归的区别

非尾递归:每次递归都要存储当前计算场景(参数、局部变量、指针等)以备后续回归阶

段使用，当数量很大时，会造成栈溢出。

尾递归：返回时没有的额外的操作，无须栈空间来保存上次递归时的计算场景。

**2. 尾递归的特点**

（1）递归调用时通过覆盖当前的栈，减少栈空间的使用。

（2）尾递归把变化的参数传递给递归函数的变量，避免了非尾递归逐次递归扩展消耗内存的缺点。

**3. 栈调用的区别**

非尾递归自身调用次数 $n$ 次，则所需栈空间为 $O(n)$，尾递归可将栈空间优化为 $O(1)$。

例 2.3　斐波那契数列转尾递归求解。

斐波那契数列的递归代码如下。

```
int Fib(int n){
    if(n<=2) return 1;
    else return Fib(n-1)+Fib(n-2);
}
```

该递归方法返回的并不是调用自己本身，不是尾递归。将非尾递归转换为尾递归的主要方法是把计算结果放到函数的参数内达到保留计算结果的目的，减少栈的开销。

设 $\text{Fib}(n,a,b)$ 表示递归函数，其中 $n$ 表示的是需要递归的次数，$a$ 和 $b$ 数列中相邻的前后两项，那么就得到递归转移式 $\text{Fib}(n,a,b) \rightarrow \text{Fib}(n-1,a+b,a)$。

具体代码如下。

```
int Fib(int n,int a,int b){
    if(n==1) return a;
    if(n==2) return b;
    return Fib(n-1, b,a+b);
}
```

尾递归算法的时间复杂度为 $O(n)$，优于非尾递归的复杂度 $O(2^n)$。

### 2.4.2　递归转非递归

递归转非递归的过程有直接转换法和间接转换法两种，若递归转非递归的过程没有借助栈等复杂数据结构则为直接转换法，反之则为间接转换法。

例 2.4　直接转换法。

以求斐波那契数列第 $n$ 项为例。斐波那契数列可以直接借助循环来解决，实现比递归更加简洁、高效，且易于理解的算法。

斐波那契数的求解可以利用数组存储数列，以空间换时间，具体代码如下。

```
long long f[55];          //值过大,超过 int,用 long long 类型
int main(){
    int n;
```

```
cin>>n;
f[0]=f[1]=1;
for(int i=2;i<=n;i++){
    f[i]=f[i-1]+f[i-2];
}
cout<<f[n]<<endl;
}
```

**例 2.5** 间接转换法。

对图 2.5 所示的二叉树,用非递归的方式进行中序遍历。

(1) 定义二叉树结点结构。

```
typedef struct Node{
    char data;
    struct Node * leftChild;
    struct Node * rightChild;
}TreeNode;
```

(2) 二叉树非递归中序遍历过程描述。

步骤 1: 如果树根结点 root 不为空则入栈,转步骤 2,否则转步骤 3。
步骤 2: 置 root=root->leftChild,转步骤 1。
步骤 3: 弹出栈顶元素 node 并输出,如果 node 的右子树不为空,则置 root = node -> rightChild,转步骤 1,否则转步骤 4。
步骤 4: 如果栈为空,遍历结束,否则转步骤 3。

以图 2.5 所示的二叉树为例,非递归中序遍历过程如下(见图 2.6~图 2.16)。

图 2.5 二叉树示例          图 2.6 非递归中序遍历(一)

图 2.7 非递归中序遍历(二)          图 2.8 非递归中序遍历(三)

图 2.9　非递归中序遍历(四)

图 2.10　非递归中序遍历(五)

图 2.11　非递归中序遍历(六)

图 2.12　非递归中序遍历(七)

图 2.13　非递归中序遍历(八)

图 2.14　非递归中序遍历(九)

图 2.15　非递归中序遍历(十)

图 2.16　非递归中序遍历(十一)

(1) 根结点 A 入栈,从根结点 A 开始迭代访问左子树并入栈,直到左子树不为空。此时,栈顶元素为树的最左叶子结点 E,E 即为中序序列的起点。

(2) 弹出栈顶元素并输出 E,E 的右子树为空,但栈不为空,所以弹出栈顶元素 C,输出 C。C 的右子树为 F,不为空,F 入栈。

(3) 由于 F 是叶子结点,所以无左子树入栈。弹出栈顶元素 F 并输出,由于 F 无右子树,则继续弹出栈顶元素 B,输出 B,同时,将 B 的右子树 D 入栈。

(4)将 D 的左子树 G 入栈,由于 G 没有左子树,所以弹出栈顶元素并输出 G,并将 G 的右子树 H 入栈。

(5)H 是叶子结点,无左子树入栈,此时弹出栈顶元素 H 输出,H 无右子树,所以弹出栈顶元素 A 输出。此时,栈为空,但 A 右子树 I 不为空,I 入栈。

(6)以 I 为根的子树处理方式与以 A 为根的树的处理过程一致,先逐步迭代左子树并入栈,直到叶子结点 L,弹出 L 输出,由于 L 无右子树入栈,所以弹出栈顶元素 J。

(7)子树 J 没有右子树可以入栈,所以弹出栈顶元素 I 并输出。然后将 I 的右子树 K 入栈,K 无左子树可以入栈,所以弹出栈顶元素 K。此时栈为空,而且 K 的右子树也为空,遍历结束。

中序遍历的结果为 E C F B G D H A L J I K。

完整代码如下。

```cpp
//根据扩展前序序列构造二叉树
TreeNode * createTree(char * sTree, int &i){
    TreeNode * tree=NULL;
    char ch=sTree[i];
    if(ch!='#'){
        tree=new TreeNode;
        tree->data=ch;
        tree->leftChild=createTree(sTree, ++i);
        tree->rightChild=createTree(sTree, ++i);
    }
    return tree;
}


//非递归中序遍历
void inOrderByNonRecursion(TreeNode * root){
    stack<TreeNode * >s;
    if(root==NULL){
        cout<<"empty tree"<<endl;
        return;
    }
    while(!s.empty() || root!=NULL){
        while(root!=NULL){
            s.push(root);
            root=root->leftChild;
        }
        root =s.top();
        s.pop();
        cout<<root ->data<<" ";
```

```
        root=root ->rightChild;
    }
}
```

测试代码如下。

```
int main()
{
    char s[] ="ABCE##F##DG##H##IJL###K##";        //二叉树扩展前序序列
    int i=0;
    TreeNode * root=createTree(s,i);
    inOrderByNonRecursion(root);
    return 0;
}
```

## ◆ 2.5 能力拓展

### 2.5.1 K 数列

**例 2.6** 有一个数列 $a_1, a_2, a_3, \cdots$，满足 $a_1 = 1, a_2 = 1$，当 $n > 2$ 时，有 $a_n = 2 * a_{n-1} + 3 * a_{n-2}$，则称该数列为 K 数列。给定整数 $k$，求数列第 $k$ 项是多少。

解题思路：该题为斐波那契数列的变形，但本质其实是一样的，都可以用普通递归、尾递归还有非递归求解，下面给出这 3 种解法。

**1. 普通递归**

与普通的斐波那契一样，同样设 $f(i)$ 表示数列第 $i$ 项的值，要求第 $i$ 项，就先求得 $f(i-1)$ 和 $f(i-2)$，那么利用递归调用自己本身求得，最后返回 $3 * f(i-1) + 2 * f(i-2)$ 即可。

代码如下。

```
long long f(int n)          //结果可能会超过 int 范围,所以用 long long
{
    if(n==1||n==2) return 1;
    else return 2 * f(n-1)+3 * f(n-2);
}
```

**2. 尾递归**

在求解斐波那契尾递归时，设 $\mathrm{Fib}(n, m, a, b)$ 表示递归到第 $m$ 个数还需要递归 $n$ 次，第 $m$ 个数的值为 $a$，第 $m-1$ 个数为 $b$。此问题的表示方法与斐波那契数列相似，不同的是每次递归到下一个状态时，$a$ 位置的值为下一个数的值，而下一个数的值为当前数乘 2 加上前一个数乘 3,所以递归转移式要改变为 Fib$(n,m,a,b)$→Fib$(n-1,m+1,2*a+3*b,a)$。

代码如下。

```
long long Fib(int n,int m,long long a,long long b)
                                        //结果可能会超过 int 范围,所以用 long long
{
    if(n==0) return a;
    else return Fib(n-1,m+1,2*a+3*b,a);   //还要递归 n-1 次,下一个数到达第 m+1 个
}
```

如果输入为 5,则初始状态为 Fib$(4,1,1,1)$,求解过程状态变化如图 2.17 所示。

Fib(4,1,1,1) → Fib(3,2,5,1) → Fib(2,3,13,5) → Fib(1,4,41,13) → Fib(0,5,121,41)

图 2.17   用尾递归求解样例过程

最后求得 $f(5)=121$。

**3. 非递归**

非递归的实现相对简单,只需用数组去存下这个数列的值,然后循环去计算出这个数列即可。

代码如下。

```
long long a[35];
int main()
{
    int n;
    cin>>n;
    a[1]=a[2]=1;
    for(int i=3;i<=n;i++)
    {
        a[i]=2*a[i-1]+3*a[i-2];
    }
    cout<<a[n]<<endl;
}
```

### 2.5.2   自关联树状数据

自关联树状数据的递归解析

例 2.7   自关联树状数据的递归解析。

在实际工程应用中,有一些数据表现出层级关系,如文件系统的目录结构、公司的组织机构等。因为这类数据层级关系深度不确定,所以在数据库设计时会采用自关联的数据表格进行表示,如表 2.1 所示。

表 2.1　自关联的数据表格

| deptId | deptName | parentId |
|:------:|:---------|:--------:|
| 1 | DeptList | −1 |
| 2 | Computer Science | 1 |
| 3 | Math | 1 |
| 4 | Software Engineering | 2 |
| 5 | Network Engineering | 2 |
| 6 | Computer Science&Technology | 2 |
| 7 | Big Data | 2 |
| 8 | Algorithm Team | 4 |
| 9 | Android Team | 4 |
| 10 | J2EE Team | 4 |
| 11 | MySQL Team | 10 |
| 12 | Java Framework Team | 10 |
| 13 | SpringBoot Course | 12 |
| 14 | MyBatis Course | 12 |
| 15 | Spring Course | 12 |

在表中 deptId、deptName 表示组织信息。parentId 标识该组织所属的上一级组织,如组织 15 的 parentId＝12,说明 Spring Course 属于 Java Framework Team,同理,根据 parentId 可知 Java Framework Team 的上一级组织是 J2EE Team、J2EE Team 的上一级组织是 Software Engineering、Software Engineering 的上一级组织是 Computer Science、Computer Science 的上一级组织是 DeptList,而 DeptList 是整个组织机构的根结点,通过 parentId＝−1 进行标识。这样就在一个表中将不同行的数据建立了关联关系,而且这种表示方法可以支持任意层数据。

显然,可以从 parentId＝−1 的数据行开始分析数据之间的所属关系。由于层级关系未知,需要采用递归的方法进行迭代。如果通过指定的 parentId 可以找到子记录,说明 parentId 所标识的记录不为叶子结点,继续递归,否则返回。

(1) 数据结构设计。

```
typedef struct{
    int deptId;
    string deptName;
    int parentId;
}Dept;
```

(2) 数据初始化。为简化操作,此处使用硬编码,在实际开发中,数据主要来自数据库,可以使用数据库查询操作方便获取表格数据。

```
void loadData(Dept * depts){
    int ids[]={1,2,3,4,5,6,7,8,9,10,11,12,13,14,15};
    string deptName[] = {"DeptList","Computer Science","Math","Software
Engineering","Network Engineering","Computer Science&Technology","Big Data",
"Algorithm Team","Android Team","J2EE Team","MySQL Team","Java Framework Team",
"SpringBoot Course","MyBatis Course","Spring Course"};
    int pids[]={-1,1,1,2,2,2,2,4,4,4,10,10,12,12,12};
    for(int i=0; i<15; i++){
        depts[i].deptId=ids[i];
        depts[i].deptName=deptName[i];
        depts[i].parentId=pids[i];
    }
}
```

(3) 子记录查询。通过指定的 parentId 找子记录,因为子记录数量不确定,所以采用链表批量返回。

```
//链表结构设计
typedef struct Node{
    Dept dept;
    struct Node * next;
}Child;

//找出指定父结点的孩子结点
Child * findByParentId(int parentId,Dept * depts,int n){
    Child * head=NULL;
    for(int i=0; i<n; i++){
        if(depts[i].parentId==parentId){
            Child * child=new Child;
            child->dept=depts[i];
            //头插法建链表
            child->next=head;
            head=child;
        }
    }
    return head;
}
```

(4) 解析数据。根据记录递归查找其子记录,如果子记录列表不为空,则递归继续查找下一级子记录,否则,说明该记录为叶子结点,返回。

```
//depts: 部门表
//n: 表中记录数量
//parentId: 通过指定的 parentId 找出其孩子结点
//lvl: 递归深度,用于输出格式控制
void parse(Dept * depts, int n, int parentId, int lvl){
```

```
//找出父结点为 parentId 的所有子记录,返回为链表
Child * child=findByParentId(parentId,depts,n);
//遍历链表,直到所有的子记录都被处理
while(child !=NULL){
    //简单的输出格式控制
    if(lvl!=0){
        cout<<"  ";
        for(int i=0; i<lvl-1; i ++){
            cout<<"      ";
        }
        cout<<"+---";
    }
    //输出当前记录的内容
    cout<<child->dept.deptName<<endl;
    //以当前记录的 deptId 作为 parentId 递归查找子记录
    parse(depts,n,child->dept.deptId,lvl+1);
    child=child->next;
}
}
```

运行结果如下。

```
DeptList
    +---Math
    +---Computer Science
        +---Big Data
        +---Computer Science&Technology
        +---Network Engineering
        +---Software Engineering
            +---J2EE Team
                +---Java Framework Team
                    +---Spring Course
                    +---MyBatis Course
                    +---SpringBoot Course
                +---MySQL Team
            +---Android Team
            +---Algorithm Team
```

### 2.5.3　XML 文件解析

例 2.8　XML 文件的递归解析。

XML(Extensible Markup Language)即可扩展标记语言,是一种用于描述数据的标记语言,因其具有独立于软件和硬件的特点,被广泛应用于存储和传输数据。XML 文件可读性强、易于解析、易于扩展,在工程中应用广泛,可以用于配置文件、系统之间的数据交换。

XML 文件解析

XML 主要由结点、属性和文本组成,以下是一个 XML 的简单示例 dept.xml。

```
<dept_list>
    <dept>
        <id>1</id>
        <dept_name>computer science</dept_name>
        <dept_loc>Building 15</dept_loc>
    </dept>
    <dept>
        <id>2</id>
        <dept_name>engineering</dept_name>
        <dept_loc>Building 12</dept_loc>
    </dept>
</dept_list>
```

该 XML 文件的根结点是 dept_list,在该结点之内包含了两个 dept 的描述,每个 dept 包括 id、dept_name、dept_loc 字段,这些字段的具体内容存在于如<id>1</id>(表示 id=1)这样的标签对内。

从文件内容可知,XML 的内容是典型的层次结构,且数据层次深度未知。因此,需要使用递归程序进行解析。

具体思路如下。

(1) 定义<dept_list>、<dept>、<id>、<dept_name>、<dept_loc>这样的标记为开始标签,相应的</dept_list>、</dept>、</id>、</dept_name>、</dept_loc>为结束标签。

(2) 扫描 XML 文件,当遇到开始标签进行递归,进入下一级标签的解析。

(3) 当碰到结束标签,截取标签内容,如 computer science,并返回上一级。

(4) 返回上一级后,继续按照(2)、(3)向后扫描直到所有内容解析完毕。

详细递归、返回过程如图 2.18 所示。

图 2.18　XML 文件解析递归过程

为了描述每个标签的信息,构建如下 TagNode 结构。

```
typedef struct{
    string tagName;           //标签名称,如 id、dept_name
    string text;              //标签内容,如 computer science
```

```
    bool isStartTag;              //标签类型,如起始标签<id>,终止标签</id>
    int start_loc;                //标签的开始位置
    int end_loc;                  //标签的结束位置
    int index;                    //标签的编号
}TagNode;
```

在解析的过程中,当扫描到结束标签时,本层递归结束返回上一层,同时返回标签内容,图 2.19 以标签<dept_loc>的内容 Building 15 提取为例说明标签内容的提取方法。从当前结点 node 开始递归,进入下一层后继续扫描直到碰到结束标签 tn,然后截取 xml 中子串 xml[node.end_loc + 1, tn.start_loc − node.end_loc],并将子串内容赋值给 node.text。

图 2.19　标签内容文本的提取

当一对标签是相邻的标签,如<id>1</id>,则需要提取标签内容文本。对于图 2.20 中所示 node 是开始标签,tn 是结束标签,但两者相距超过 1,所以没有标签内容文本。

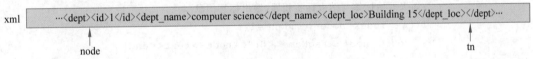

图 2.20　标签对中不存在内容文本的情况

为了判别两个标签是否是相邻标签,为每个标签的 index 成员编号,当编号之差为 1 时提取标签内容并输出。

为了方便文件解析,设计枚举下一个标签结点的 nextTag 函数。

```
TagNode * nextTag(string xml){
    //idx记录上一个标签的结束位置,从该位置开始找下一个标签
    int tag_start=xml.find("<", idx);
    int tag_end=xml.find(">",tag_start);
    if(tag_start==-1 && tag_end==-1) return NULL;
    TagNode * tn=new TagNode;
    //提取标签名字
    tn->tagName=xml.substr(tag_start +1, tag_end -tag_start -1);
    tn->start_loc=tag_start;
    tn->end_loc=tag_end;
    tn->isStartTag=true;                  //标签类别
    tn->index=cnt++;                      //标签编号
    if(xml[tn->start_loc +1]=='/'){//end tag
        tn->tagName=xml.substr(tag_start +2, tag_end -tag_start -2);
        tn->isStartTag=false;
```

```
        }
        idx=tag_end;
        return tn;
    }
```

解析 XML 的递归函数如下。

```
TagNode * parse(string xml,TagNode * preNode){
    //遍历每一个标签
    while(true){
        TagNode * node=nextTag(xml);
        if(node->isStartTag){                    //如果是开始标签则递归进入下一层
            TagNode * tn=parse(xml,node);        //parse 函数碰到结束标签时返回
            //开始标签和结束标签的名字不同,报语法错误
            if(tn->tagName.compare(node->tagName)!=0){
                cout<<"syntax error:"<<endl;
                cout<<"tag begin with:"<<node->tagName<<endl;
                cout<<"tag end with:"<<tn->tagName<<endl;
            }
            //如果开始标签与结束标签相邻,输出标签信息
            if(tn->index-node->index==1){
                cout<<node->tagName<<":"<<node->text<<endl;
            }
            //如果 preNode==NULL 说明递归返回到了最上层,退出程序
            if(preNode==NULL) return NULL;
        }else{
            //如果标签相邻,提取标签内容文本
            if(node->index-preNode->index==1){
                int len=node->start_loc-preNode->end_loc-1;
                string txt=xml.substr(preNode->end_loc+1, len);
                preNode->text=txt;
            }
            //返回结束标签给上层
            return node;
        }
    }
}
```

测试如下。

```
int main()
{
    fstream file;
    char xml[1024];
    file.open("dept.txt",ios::in);
```

```
    file.read(xml,1024);
    file.close();
    parse(xml,NULL);
    return 0;
}
```

运行结果如下。

```
id:1
dept_name:computer science
dept_loc:Building 15
id:2
dept_name:engineering
dept_loc:Building 12
```

# ◇ 习　　题

**1. 选数**

题目描述：在 $1\sim n$ 这 $n$ 个数中随机选出 $m$ 个不同的数，输出所有可能的选择方案，要求从小到大输出。

输入描述：一行输入两个整数 $n$、$m(1\leqslant m\leqslant n\leqslant10)$。

输出描述：按照从小到大的顺序输出所有方案，一行一个方案。

**2. 选数**

题目描述：在 $1\sim n$ 这 $n$ 个数中随机选出 $m$ 个数，可以选择相同的数，输出所有可能的选择方案，要求从小到大输出。

输入描述：一行输入两个整数 $n$、$m(1\leqslant m\leqslant n\leqslant10)$。

输出描述：按照从小到大的顺序输出所有方案，一行一个方案。

**3. 求二叉树的深度**

题目描述：给出一棵根结点为 1 的二叉树，和每个点的左右儿子结点，求这棵二叉树的深度。

输入描述：第一行输入二叉树的结点数 $n(1\leqslant n\leqslant1000)$。

接下来 $n$ 行，每行输入两个整数 $l$、$r$，分别代表左儿子结点编号和右儿子结点编号，0 代表结点为空。

输出描述：输出二叉树的深度。

**4. 无限 0-1 字符串**

题目描述：0-1 字符串是一种只有字符 0 和 1 的字符串。有如下两种操作。

(1) 翻转字符串(reverse)，例如 011 变为 110。

(2) 反转字符串(switch):0 变为 1,1 变为 0。

有一个 0-1 字符串的无限序列:

$$S[1]=0$$
$$S[2]=001$$
$$S[3]=0010011$$
$$\vdots$$
$$S[n]=S[n-1]+0+switch(reverse(S[n-1]))$$

现在给出一个整数 $k$,求 $S[50]$ 中第 $k$ 个字符是什么。

输入描述:一行输入一个整数 $k(1 \leqslant k \leqslant 1000000000000000)$。

输出描述:输出一个字符 0 或 1。

### 5. 数的美丽值

题目描述:现有如下操作:对一个数 $x$,将其所有位上的数相加,得到一个新的数。给出一个数字 $n$,不断对其进行上述操作,直到得到的数为个位数,并将其称之为数字 $n$ 的美丽值,求最后得到的个位数。

输入描述:一行输入一个数字 $n(1 \leqslant n \leqslant 1000000000)$。

输出描述:输出得到的个位数。

### 6. 神奇的集合

题目描述:有一个元素集合,它有如下性质。

(1) $k$ 是集合中的一个元素。

(2) 若 $y$ 是集合中的一个元素,则 $y \times 2+1$ 和 $y \times 3+1$ 也是集合中的元素。

保证除了上述情况,无其他元素在集合内。

现给出两个整数 $k$ 和 $x$,求 $x$ 是否在集合内。

输入描述:一行输入两个整数 $k,x(1 \leqslant k \leqslant x \leqslant 100000)$。

输出描述:如果 $x$ 是集合内的元素,则输出 YES;反之,输出 NO。

### 7. 爱下蛋的母鸡

题目描述:有一只母鸡,每年能生下一只小母鸡,小母鸡在过了 3 年之后每年也能生下一只小母鸡,问第 $n$ 年时,有多少只鸡。例如:在第 1 年,只有一只母鸡,在第 2 年,母鸡生下小鸡,有两只母鸡,这只小母鸡在第 4 年的时候会开始生下小鸡。

输入描述:一行输入一个整数 $n(1 \leqslant n \leqslant 40)$。

输出描述:输出第 $n$ 年有多少只母鸡。

### 8. 杨辉三角

题目描述:杨辉三角如下所示。

```
        1
      1   1
    1   2   1
  1   3   3   1
1   4   6   4   1
1   5   10  10  5   1
```

其有一个性质：第 $i$ 行的第 $j$ 个数等于第 $i-1$ 行第 $j$ 个数加上第 $i-1$ 行第 $j-1$ 个数。知道此性质后，给出一个数字 $n$，要求输出前 $n$ 层的杨辉三角。

输入描述：一行输入一个整数 $n(1 \leqslant n \leqslant 20)$。

输出描述：输出相应层数的杨辉三角，每一层的整数之间用一个空格隔开。

## 9. 由 $a$ 变 $b$

题目描述：对一个数 $x$ 有如下两种操作。

(1) 将 $x$ 乘上 2，即 $x = x \times 2$。

(2) 在 $x$ 的末尾添加 1，即 $x = x \times 10 + 1$。

现在给出两个整数 $a$ 和 $b$，问 $a$ 能否通过上述操作任意次变为 $b$。

输入描述：一行输入两个整数 $a$、$b(0 < a < b < 1000000000)$。

输出描述：若 $a$ 能变成 $b$，则输出 YES；反之，输出 NO。

## 10. 安排座位

题目描述：有一个豪华剧场，其台下座位可以看作一个 $n \times m$ 的网格，为了提升观众的观看体验感，不被打扰，工作人员规定，如果某个位置有人坐，那么其上、下、左、右 4 个位置都必须空着，不能坐。已知有 $k$ 个观众，求有多少种坐法是满足要求的。不考虑观众的不同性。

输入描述：一行输入 3 个整数 $n$、$m$、$k(1 \leqslant n,m \leqslant 20, 1 \leqslant k \leqslant 4)$。

输出描述：输出一个整数，表示有多少种坐法。

# 第3章

# 蛮 力 法

## ◆ 3.1 概　　述

蛮力法（又称穷举搜索或完全搜索法）是一种简单的方法，常常直接基于问题的描述和所涉及的概念定义。蛮力法是一种通用的方法，几乎可以解决任何算法问题。其思想是生成问题的所有可能解决方案，然后根据问题选择最佳解决方案。

## ◆ 3.2 蛮力法的主要设计思想

### 3.2.1 使用蛮力法的几种情况

如果有足够的时间来处理所有的解决方案，蛮力法会是一种很好的方法，因为该算法通常很容易实现，并且总是能给出正确的答案。蛮力法可用于以下场景。

（1）一些小规模的问题。当要解决的问题实例不多并且可以接受蛮力法的运算速度时，蛮力法的设计代价通常较为低廉。

（2）问题找不到一个精确的解决方案。在许多情况下，蛮力法或其变种是唯一已知可获得精确解决方案的方法。

（3）蛮力法可以为矩阵乘法、排序、搜索、字符串匹配等重要问题提供合理的算法。

### 3.2.2 蛮力法的求解步骤

蛮力法包括以下步骤。

（1）用蛮力算法求解问题，需要事先确定问题的特殊性质，通常解是在解组合对象（如排列、组合或集合的子集）中。

（2）系统地列出问题的所有潜在解决方案。

（3）评估所有潜在的解决方案，取消不可行的解决方案，对于优化问题，跟踪直到找出最佳的解决方案。

（4）返回最优解。

# ◆ 3.3　蛮力法示例与分析

## 3.3.1　选择排序

**例 3.1**　给定一个大小为 $n$ 的数组,请将数组中的元素按从小到大进行排序并输出。

解题思路:选择排序算法的思想是,将数组分为已排序部分和未排序部分,每次对未排序部分进行扫描,找出最小值,将其和未排序部分的第一个元素交换位置,此时这个位置的元素已经属于已排序部分,经过 $n-1$ 次这样的操作,数组有序。

对于如图 3.1 所示的数据,可按照图 3.2~图 3.6 进行选择排序。

图 3.1　排序过程初始数据　　　　　　　图 3.2　排序过程步骤 0

图 3.3　排序过程步骤 1　　　　　　　图 3.4　排序过程步骤 2

图 3.5　排序过程步骤 3　　　　　　　图 3.6　排序过程步骤 4

步骤 0:初始状态,所有元素都属于未排序状态。

步骤 1:将未排序部分中的最小值 1 与未排序部分的第一个元素 3 交换,排序部分元素个数加 1,未排序部分元素个数减 1,目前排序部分为{1},未排序部分为{5,2,3,4}。

步骤 2:将未排序部分中的最小值 2 与未排序部分的第一个元素 5 交换,排序部分元素个数加 1,未排序部分元素个数减 1,目前排序部分为{1,2},未排序部分为{5,3,4}。

步骤 3:将未排序部分中的最小值 3 与未排序部分的第一个元素 5 交换,排序部分元素个数加 1,未排序部分元素个数减 1,目前排序部分为{1,2,3},未排序部分为{5,4}。

步骤 4:将未排序部分中的最小值 4 与未排序部分的第一个元素 5 交换,因为未排序部分只剩下两个元素,因此交换后整个数组有序。

考虑将选择排序通过代码呈现,将未排序部分起始下标 $i$ 设为 1,重复若干次如下步骤直至 $i=n$。

(1) 扫描未排序部分,找出最小值对应下标 mnpos。

(2) 将 mnpos 对应元素与位置 $i$ 对应元素交换。

(3) 未排序部分起始下标 $i++$。

选择排序要经过 $n(n-1)/2$ 次比较,因此复杂度为 $O(n^2)$。

参考代码如下。

```cpp
int main()
{
    cin >> n;
    for(int i = 1; i <= n; i++)
        cin >> a[i];
    for(int i = 1; i <= n -1; i++)
    {
        int mn = a[i], mnpos = i;
        for(int j = i +1; j <= n; j++)
        {
            if(a[j] <mn)
            {
                mn = a[j];
                mnpos = j;
            }
        }
        if(mnpos != i)
            swap(a[i], a[mnpos]);
    }
}
```

测试结果如下。

```
请输入数组大小:
5
请输入数组元素值:
3 5 2 1 4
输出排序后结果:
1 2 3 4 5
```

### 3.3.2 旅行商问题

旅行商问题(Traveling Salesman Problem,TSP)描述:商品推销员要去 $n$ 个城市推销商品,城市从 $1 \sim n$ 编号,任意两个城市间有一定距离,该推销员从城市 1 出发,需要经过所有城市并回到城市 1,求最短总路径长度。

解题思路:把旅行商问题看作一种排列问题,不难想出,这道题的蛮力解法即穷举所有路线。选定起点有 $n$ 种选法,选定起点后的下一个目的地有 $n-1$ 种选择方法,再下一个有 $(n-2)$ 种选择方法,……总共有 $n!$ 种排列方法,算法复杂度达到 $O(n!)$,因此蛮力解法只能解决小规模问题。

将该题转化为加权图模型,顶点表示城市,边权表示距离,枚举所有路线并取最小值。

例 3.2 求解城市数量 $n=4$ 的 TSP 问题,其中城市直接连接关系如图 3.7 所示。

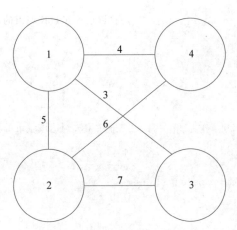

图 3.7 旅行商问题加权图模型

所有的可能路线及总距离如表 3.1 所示。

表 3.1 所有的可能路线及总距离表

| 路　线 | 总　距　离 | 路　线 | 总　距　离 |
| --- | --- | --- | --- |
| 1, 2, 3, 4, 1 | 3→4 不可行 | 1, 3, 2, 4, 1 | 20 |
| 1, 2, 4, 3, 1 | 4→3 不可行 | 1, 4, 2, 3, 1 | 20 |
| 1, 3, 4, 2, 1 | 3→4 不可行 | 1, 4, 3, 2, 1 | 4→3 不可行 |

利用深度优先搜索（Deep First Search，DFS）方法进行搜索，得到如图 3.8 所示的搜索树。

参考代码如下。

旅行商
问题

```
void dfs(int * a, int len, int num, int u)
//数组记录历经城市的顺序,len记录总距离,num记录经过城市个数,
//u表示当前在哪个城市
{
    if(num == n)
    {
        if(dis[u][1] == -1)
            return;
        len += dis[u][1];
        ans = min(ans, len);
        return;
    }
    for(int i = 2; i <= n; i++)
    {
        int flg = 0;
        for(int j = 1; j <= num; j++)
        {
```

```
        if(a[j] == i)              //排除已经经过该城市的情况
        {
            flg = 1;
            break;
        }
    }
    if(!flg && dis[u][i] != -1)    //排除无法到达该城市的情况
    {
        a[num +1] = i;
        dfs(a, len +dis[u][i], num +1, i);
    }
    }
}
```

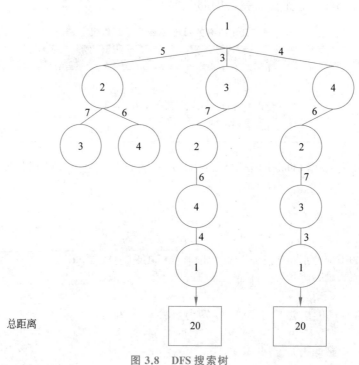

图 3.8   DFS 搜索树

最短路径长度为 20。

### 3.3.3   字符串匹配蛮力解决

给定一个文本串 $s_1$ 和模式串 $s_2$,从文本串中找出模式串第一次出现的位置,若不存在,输出 -1。

解题思路:BF 算法的原理就是将文本串的第一个字符和模式串的第一个字符比较,如果相同,则比较下一个,否则将文本串位置后移,再次尝试和模式串匹配,直至匹配成功。最多进行 $nm$ 次比较($n$、$m$ 分别表示文本串长度和模式串长度),算法复杂度达到 $O(nm)$。

例 3.3   从文本串为 $s_1$ = aababc 中找出模式串 $s_2$ = abc 第一次出现的位置。

文本串与模式串匹配过程如下。

(1) 文本串位置＝0,模式串位置＝0,$s_1[0]=s_2[0]=$'a',匹配成功,模式串位置后移一位。

(2) 文本串位置＝0,模式串位置＝1,$s_1[1]=$'a',$s_2[1]=$'b',匹配失败,模式串位置回到0,文本串位置后移。

(3) 文本串位置＝1,模式串位置＝0,$s_1[1]=s_2[0]=$'a',匹配成功,模式串位置后移一位。

(4) 文本串位置＝1,模式串位置＝1,$s_1[2]=s_2[1]=$'b',匹配成功,模式串位置后移一位。

(5) 文本串位置＝1,模式串位置＝2,$s_1[3]=$'a',$s_2[2]=$'c',匹配失败,模式串位置回到0,文本串位置后移。

(6) 文本串位置＝2,模式串位置＝0,$s_1[2]=$'b',$s_2[0]=$'a',匹配失败,模式串位置保持0,文本串位置后移。

(7) 文本串位置＝3,模式串位置＝0,$s_1[3]=s_2[0]=$'a',匹配成功,模式串位置后移一位。

(8) 文本串位置＝3,模式串位置＝1,$s_1[4]=s_2[1]=$'b',匹配成功,模式串位置后移一位。

(9) 文本串位置＝3,模式串位置＝2,$s_1[5]=s_2[1]=$'c',匹配成功,模式串位置后移一位。

(10) 模式串位置＝3,模式串与字符串匹配成功。

参考代码如下。

```
int search()
{
    int l = 0, p = 0;            //l表示目前匹配的文本串位置,p表示模式串的位置
    int len = s2.size();         //匹配串的长度
    while(l+p < s1.size())
    {
        if(s1[l+p] == s2[p])     //单个字符匹配成功
        {
            p++;
            if(p == len)         //文本串和模式串匹配成功
                return l +1;
        }
        else
        {
            l++;                 //匹配失败,匹配下一个元素
            p = 0;               //p回到模式串首
        }
    }
    return -1;
}
```

### 3.3.4　0-1 背包问题

有 $n$ 种物品,第 $i$ 种物品的质量为 $W_i$,价值为 $V_i$,有一个存放质量为 $C$ 的背包,怎样选取物品,使得在物品总质量不超过 $C$ 的情况下总价值最大。

解题思路:要在所有可行情况下找到最大总价值,要枚举所有可行情况,把每个物品看作一个元素,即枚举出所有可行的子集,子集生成可以通过深度优先实现。对于每个物品,选择和不选择两种状态,因此,$n$ 个元素的子集数量达到 $2^n$,算法的时间复杂度为 $O(2^n)$。

**例 3.4**　有 4 个物品,物品的质量 $W = [1, 3, 5, 7]$,价值 $V = [4, 6, 9, 13]$,背包容量为 12,求背包所能存放物品的最大价值。

表 3.2 列出了问题的所有可行子集。

表 3.2　所有可行子集表

| 子　集 | 总　质　量 | 总　价　值 |
|:---:|:---:|:---:|
| $\Phi$ | 0 | 0 |
| 1 | 1 | 4 |
| 2 | 3 | 6 |
| 1,2 | 4 | 10 |
| 3 | 5 | 9 |
| 1,3 | 6 | 13 |
| 2,3 | 8 | 15 |
| 2,3 | 9 | 19 |
| 4 | 7 | 13 |
| 1,4 | 8 | 17 |
| 2,4 | 10 | 19 |
| 1,2,4 | 11 | 23 |
| 3,4 | 12 | 21 |
| 1,3,4 | 13 | 不可行 |
| 2,3,4 | 15 | 不可行 |
| 1,2,3,4 | 16 | 不可行 |

0-1 背包问题

深度优先(DFS)搜索树如图 3.9 所示。

图 3.9　深度优先搜索树

参考代码如下。

```
void dfs(int num, int sumw, int sumv)
//num 表示当前是第几个物品,sumw 表示当前的总质量,sumv 表示当前价值
{
    if(num == n +1)
    {
        ans = max(ans, sumv);
        return;
    }
    if(sumw +w[num] <= c)                      //如果放得下该物品
        dfs(num +1, sumw +w[num], sumv +v[num]);  //递归构造子集
    dfs(num +1, sumw, sumv);                   //不放该物品的情况,递归构造子集
}
```

所以,当选取 1、2、4 这 3 个物品时,背包中存放物品的价值之和达到最大,为 23。

# ◆ 3.4  能 力 拓 展

## 3.4.1  连续数和

给定数字 $n$,试求能否将 $n$ 分解为几个连续正整数之和,如果有多种结果,输出连续整数中最小值最大的那一组结果。如果无解,输出 $-1$。

解题思路:假设存在正整数 $a$ 使得 $n=a+a+1+a+2+\cdots+a+k$。不难想到枚举 $a$,因为至少要分解成两个数的和,所以 $a<n/2$,但枚举 $a$ 后 $k$ 仍然不确定,还要依次枚举 $k$ 判断是否为问题的解,因此,问题的复杂度为 $O(n^2)$,复杂度较高。

进一步分析可知,由于 $n=(2a+k)\times(k+1)/2$,且 $a$ 为正整数,所以 $2a+k>k+1$,代入得 $n>(k+1)^2/2$。移项后得 $k<\sqrt{2n}-1$,所以 $k$ 的最大值不超过 $\sqrt{2n}$。

而 $a$ 的值也可以通过移项获得,即 $a=((n\times2)/(k+1)-k)/2$。当存在 $k$、$a$ 的值为正整数时有解,并且 $k$ 越小,$a$ 越大,从小到大枚举 $k$,第一个可行解即满足题目要求的解,时间复杂度优化到了 $O(\sqrt{n})$。由此可见,就算是蛮力枚举,枚举的值不同也会对时间复杂度产生显著影响。

例 3.5  当 $n=10$ 时,输出连续数和。

该问题的求解过程如表 3.3 所示。

表 3.3  连续数和求解过程

| $k$ | $a$ | $k$ | $a$ |
|-----|-----|-----|-----|
| 1 | 9/2 | 3 | 1 |
| 2 | 7/3 | | |

$n=10$ 时的连续数为 1、2、3、4。

参考代码如下。

```cpp
int main()
{
    cin >> n;
    int flag = 0;
    for(int i = 1; i * i <= 2 * n; i++)
    {
        int a = ((n * 2) / (i +1) -i) / 2;
        if(a > 0 && (2 * a +i) * (i +1) / 2 == n)
        {
            flag = 1;              //标记找到解
            for(int j = 0; j <= i; j++)
            {
                cout <<a +j <<" ";
            }
            break;
        }
    }
    if(!flag)
        cout <<-1;
}
```

### 3.4.2 矩形个数

给定 $n \times n$ 的矩阵,矩阵中有 0 和 1 两个数字,现要求矩阵中只包含 0 的矩形的数量。

解题思路:枚举矩形左上角坐标 $i$、$j$,矩形右边界 $k$,在 $i$、$j$、$k$ 一定的情况下能得到的满足条件的矩形个数和能向下扩展的高度有关,在 $k$ 增加的过程中不断更新可扩展的高度。

例 3.6 给定 $n=4$,矩阵中数字如表 3.4 所示,求矩阵中只包含 0 的矩形的数量。

表 3.4 例 3.6 矩阵

| | | | |
|---|---|---|---|
| 0 | 0 | 1 | 0 |
| 1 | 1 | 0 | 1 |
| 0 | 1 | 0 | 0 |
| 0 | 1 | 0 | 1 |

该问题的蛮力搜索过程如下所示。

(1) 首先搜索第一行,如图 3.10 所示。

① $i=1$,$j=1$,$k=1$,无法再向下扩展,得到一个矩形。

图 3.10　搜索矩阵第一行

② $i=1,j=1,k=2$，无法再向下扩展，得到一个矩形。

③ $i=1,j=2,k=2$，无法再向下扩展，得到一个矩形。

④ $i=1,j=4,k=4$，无法再向下扩展，得到一个矩形。

（2）其次搜索矩阵第二行，如图 3.11 所示。

$i=2,j=3,k=3$，可以向下扩展两层，得到 3 个矩形。

（3）再次搜索矩阵第三行，如图 3.12 所示。

① $i=3,j=1,k=1$，可以向下扩展一层，得到两个矩形。

图 3.11　搜索矩阵第二行

图 3.12　搜索矩阵第三行

② $i=3,j=3,k=3$，可以向下扩展一层，得到两个矩形。

③ $i=3,j=3,k=4$，无法再向下扩展，得到一个矩形。

④ $i=3,j=4,k=4$，无法再向下扩展，得到一个矩形。

（4）最后搜索矩阵第四行，如图 3.13 所示。

① $i=4,j=1,k=1$，无法再向下扩展，得到一个矩形。

② $i=4,j=3,k=3$，无法再向下扩展，得到一个矩形。

因此，只要预处理出每个位置能向下扩展的最高高度 $h[i][j]$，再在枚举 $k$ 的时候取 $\min\{h[i][j]$，$h[i][j+1]$，…，$h[i][k]\}$，即可得到矩形的个数。

图 3.13　搜索矩阵第四行

参考代码如下。

```
for(int i = n; i >= 1; i--)      //从下到上预处理每个位置可以向下扩展的最高高度
{
    for(int j = 1; j <= n; j++)
    {
        if(mp[i][j])
            h[i][j] = 0;
        else
```

```
            h[i][j] = h[i+1][j]+1;
    }
}
int ans = 0;
for(int i = 1; i <= n; i++)
{
    for(int j = 1; j <= n; j++)
    {
        int hei = h[i][j];                    //可扩展的高度
        for(int k = j; k <= n; k++)
        {
            hei = min(h[i][k], hei);          //可扩展的高度由最小值决定
            ans += hei;
        }
    }
}
```

最终求得问题所示的矩阵中包含 15 个矩形。

 习　　题

**1. 探囊取物**

小明有一个空的背包,容量为 $T$,他可以将两种数量无限的物品放入背包,物品 a 的体积为 $A$,物品 b 的体积为 $B$。小明可以按任意顺序将任意数量的两种物品放入包中,并且在放的过程中他可以对物品进行一次体积压缩,可以在任意时刻使用,使得放入物品的总体积从 $x$ 变为 $\left\lfloor \dfrac{x}{2} \right\rfloor$,小明在不超过背包容量的情况下能装的最大体积是多大。

输入描述:1 行,3 个整数 $T$、$A$、$B$($1 \leqslant T \leqslant 5000000, 1 \leqslant A, B \leqslant T$),分别表示背包容量、物品 a 的体积、物品 b 的体积。

输出描述:1 个正整数,不超过背包容量的情况下能装的最大体积。

**2. 数位乘积**

给定一个 $n$,求 $1 \sim n$ 每一个数字每一位乘积的最大值。如 $1 \sim 234$ 中最大的数位乘积是 199 的数位乘积($1 \times 9 \times 9 = 81$)。

输入描述:1 行,1 个正整数 $n$($1 \leqslant n \leqslant 10^9$)。

输出描述:1 个正整数,表示最大数位乘积。

**3. 使其相等**

给定一个数组,每次可以对数组中的一个数做以下操作中的一种。

(1) 使 $x$ 变为 $\left\lfloor \dfrac{x}{2} \right\rfloor$。

（2）使 $x$ 变为 $2x$。

问最少多少次操作可以使数组中的元素都相等。

输入描述：

第一行 1 个整数 $n(1 \leqslant n \leqslant 10^5)$，表示元素个数。

第二行 $n$ 个用空格隔开的数 $a_i(1 \leqslant a_i \leqslant 10^5)$，表示第 $i$ 个元素的值。

输出描述：1 行，1 个整数，表示最少操作次数。

### 4. 完美图

定义一个无向图为完美图，当且仅当对于其中每一条边 $(v, u)$ 有 $v$ 和 $u$ 互质（即 $u$、$v$ 的最大公约数为 1）。当两个顶点之间没有边时不需要考虑。顶点从 1 开始标号。现给出 $n$ 个顶点和 $m$ 条边，是否能建立一个无重边且连通的完美图？

输入描述：1 行，2 个数 $n$、$m$，表示顶点个数和边数（$1 \leqslant n, m \leqslant 10^5$）。

输出描述：如果不存在答案输出 $-1$。否则输出 $m$ 行，每行输出 $v_i, u_i(1 \leqslant v_i, u_i \leqslant n$，$v_i \neq u_i)$。

### 5. 统计数字

统计某个给定范围 $[L, R]$ 的所有整数中，$1 \sim 9$ 分别出现了几次。

例如给定范围 $[1, 11]$，数字 1 在数 1 中出现了 1 次，在数 10 中出现 1 次，在数 11 中出现 2 次，所以数字 1 在该范围内一共出现了 6 次。

输入描述：输入共 1 行，2 个正整数 $L$ 和 $R(1 \leqslant L \leqslant R \leqslant 10000)$。

输出描述：1 行，9 个数，中间用逗号隔开，第 $i$ 个数表示数字 $i$ 在范围内出现的次数。

### 6. 日期计算

小明给你一个日期，他想知道在该日期基础上经过 $a$ 天后的日期。

输入描述：1 行，4 个整数 $y$、$m$、$d$、$a$，分别表示给定日期的年、月、日和经过的天数。

输出描述：每组数据输出 1 行，1 个结果，每行按 yyyy-mm-dd 的格式输出。

数据范围：

$1000 \leqslant y \leqslant 3000$。

$1 \leqslant m \leqslant 12$。

$1 \leqslant d \leqslant 31$。

$1 \leqslant a \leqslant 10^6$。

保证输入日期合法。

### 7. 01 串

现有一个由 $0, 01, 011, 0111, \cdots$ 组成的无限长 01 串 $0010110111\cdots$，试求第 $n$ 位上的是 0 还是 1。

输入描述：1 行 1 个整数 $n(1 \leqslant n \leqslant 10^9)$。

输出描述：1 个数 0 或 1，表示第 $i$ 位上的数为 0 还是 1。

### 8. 迷宫问题

先给定一个 $n \times n$ 大小的迷宫,迷宫中有 $m$ 处障碍和一处宝藏点$(x_p, y_p)$。现给定起点$(x_s, y_s)$和终点$(x_e, y_e)$。

每个格子最多经过一次,有多少种从起点经过宝藏点到达终点的方案?

每次选上、下、左、右中一个方向走一格,保证起点没有障碍。

输入描述:

第一行,2 个正整数 $n$、$m$($1 \leqslant n \leqslant 5, 1 \leqslant m \leqslant n^2$)。

第二行,起点坐标$(x_s, y_s)$,终点坐标$(x_e, y_e)$,宝藏点$(x_p, y_p)$。

接下来 $m$ 行,每行为障碍坐标。

输出描述:1 个正整数,表示答案。

### 9. ABC 成比例

先给定 10 个数字 0~9,从中取出 9 个数分成 3 组,分别组成 3 个 3 位数。让 3 个数的比例为 $A : B : C$,试求出所有满足的 3 个 3 位数,若无解输出 NO。

输入描述:1 行,3 个整数 $A$、$B$、$C$($A < B < C$)。

输出描述:若干行,每行 3 个数字,按每行第一个数升序排列。

### 10. 最大乘积

给定 1 个数字,请找到一个乘积最大的连续子序列。

输入描述:

第一行 1 个数 $n$($1 \leqslant n \leqslant 15$),表示数组长度。

第二行 $n$ 个数 $a_i$($-10 \leqslant a_i \leqslant 10$),表示各个元素。

# 第 4 章

# 分　治　法

分治法(Divide and Conquer)是非常重要的算法策略之一,经常用于解决各种计算问题。在许多情况下,它是一种简单却有效的方法。分治法通常是通过将原问题分解为几部分子问题,然后递归地解决每部分中的子问题,最后将这些子问题的解决方案组合成一个整体解决方案作为原问题的解。

## ◆ 4.1　概　　述

可以采用分治策略解决的问题往往具有一些相同的特征。一般来讲,如果一个问题具备以下 3 个特征,则可以考虑采用分治策略的方法解决。

(1) 原始问题通常能够被分解为更简单的同一问题。

(2) 一旦这些更简单的子问题中都得到了解,能够将这些解结合起来,以产生原始问题的解。

(3) 当一个大的问题被不断地分解为越来越小且越来越简单的子问题时,这些子问题不需要或者不能够再进一步分解即可直接解决。

从以上 3 个特征可以看出,分治法可以很简单地用数学归纳法证明其正确性。而其第二个特征表明,在用程序设计的方式解决问题时可以用递归算法来具体实现。实质上,分治法与递归算法如影随形,经常同时出现在很多问题的算法设计之中,从而提高解决问题的效率。值得注意的是,分治法的重点是如何更有效地分解问题和合并解,并不一定要用递归算法实现。

## ◆ 4.2　分治法设计思路

对于一个待解决的问题 $P$,使用分治法求解的步骤如下。

(1) 将问题 $P$ 划分为 $k$ 个较小的子问题 $P_1,P_2,P_3,\cdots,P_k$。

(2) 反复获得每个较小的子问题的解决方案。

(3) 将子问题 $P_1,P_2,P_3,\cdots,P_k$ 解决方案有效组合在一起作为问题 $P$ 的解决方案。

其中,$k$ 值的设置显然是很关键的,常见的一些简单实例中 $k$ 往往取值为 2,即原问题逐级分解为两个更小的子问题。步骤(2)往往也采用递归实现。

如此,根据以上 3 个步骤可以大致得出分治法的模板,如下所示。

```
elemtype SolutionFunction(P)
{
    if instance is easy
            solve problem directly;
        else
        {
            Break this into new instancesP₁,P₂,P₃,…,Pₖ;
            SolutionFunction(P₁);
            SolutionFunction(P₂);
            SolutionFunction(P₃);
                ⋮
            SolutionFunction(Pₖ)
            Reassemble the solutions of P₁,P₂,P₃,…,Pₖ;
        }
    return;
}
```

应用分治策略解决问题时,往往可以在时间复杂度上得到有效的改进,如从 $O(n^2)$ 降至 $O(n\log_2 n)$。

下面看一个简单的例子,大数乘法:求两个 $n$ 位的大整数 $A$、$B$ 的乘积,如图 4.1 所示。

图 4.1  大数乘法

在此问题中,当 $n$ 很小时可以直接计算,当 $n$ 过大,超出了程序语言数据类型表示范围时,就要考虑设计算法来解决此问题。显然,如果采用蛮力法来设计算法,将这两个 $n$ 位的二进制数直接按位进行乘法,然后再做相应的加法即可得到结果,不难得出蛮力解法的时间复杂度为 $O(n^2)$。

下面采用分治法来解决这一问题。为了描述简单,不妨假设 $n=2^k$。这样可以将大整数 $A$、$B$ 分别一分为二,得到均为 $n/2$ 位的整数 $A_1$、$A_2$、$B_1$、$B_2$,如图 4.2 所示。

图 4.2  分治法解大数乘法

由此,$A$、$B$ 两个整数乘法可由式(4-1)来描述:

$$AB = (A_1 10^{\frac{n}{2}} + A_2)(B_1 10^{\frac{n}{2}} + B_2)$$

$$=A_1B_110^n+(A_1B_2+A_2B_1)10^{\frac{n}{2}}+A_2B_2 \tag{4-1}$$

通过转换将 $n$ 位整数的乘法转换为 $n/2$ 位整数的乘法,继续划分可将 $n/2$ 位的整数再分解成 $n/4$ 位的整数乘法,以此类推,可将位数降到可直接计算的范围内。在计算时,每次划分需要进行 4 次 $n/2$ 位整数的乘法、3 次 $n$ 位整数的加法和 2 次移位,故存在如式(4-2)所示的递推关系。

$$T(n)=4T(n/2)+O(n) \tag{4-2}$$

因此,式(4-1)所示方法的计算复杂度是 $O(n^2)$。显然,用上述分治策略的效率并不比原来用蛮力法解决时的效率高,但通过将数进行分解得到的子问题进行重新组合,构造重复的子问题,以减少计算开销,提高计算效率,如式(4-3)所示。

$$AB=(A_110^{\frac{n}{2}}+A_2)(B_110^{\frac{n}{2}}+B_2)$$

$$=A_1B_110^n+(A_1B_2+A_2B_1)10^{\frac{n}{2}}+A_2B_2$$

$$=A_1B_110^n+((A_1-A_2)(B_2-B_1)+A_1B_1+A_2B_2)10^{\frac{n}{2}}+A_2B_2 \tag{4-3}$$

观察式(4-3)可知,$n/2$ 位整数的乘法次数由原来的 4 次变为了 3 次($A_1B_1$、$A_2B_2$、$(A_1-A_2)(B_2-B_1)$)。虽然加法的次数变成了 6 次,但不会影响时间复杂度公式的最高阶项。由此可得时间复杂度计算的递推关系式:

$$T(n)=3T(n/2)+O(n) \tag{4-4}$$

通过递推计算就可以得到改进后分治法算法的时间复杂度为

$$O(n^{\log_2 3})\approx O(n^{1.59}) \tag{4-5}$$

显然,算法的计算效率得到了提升,在大批量数据计算中会有明显的优势。

下面给出大数乘法的算法伪代码。

```
Elemtype multiplication(A,B,n)
{
    if n==1 return(A×B)
    else
    {
        A1←获取 A 的左边 n/2 位;
        A2←获取 A 的右边 n/2 位;
        B1←获取 B 的左边 n/2 位;
        B2←获取 B 的右边 n/2 位;
        mult1=multiplication(A1,B1,n/2);
        mult2=multiplication(A1-A2,B2-B1,n/2);
        mult3=multiplication(A2,B2,n/2);
        S←mult1×10^n+(mult2+mult1+mult3)×10^{n/2}+mult3;
        return S;
    }
}
```

值得注意的是,上面仅仅给的是伪代码,考虑到按 C/C++ 语言中的整数数据类型并不能实际表示大整数,所以建议具体编程实现时考虑用字符串或者链表来实现。

## ◆ 4.3 分治法应用与过程分析

### 4.3.1 最大子段和

最大子段和

例 **4.1** 最大子段和。

给出一个长度为 $n$ 的整数序列 $a$，选出其中连续且非空的一段使得这段和最大。

解题思路：首先不难想到本题可以使用蛮力法。枚举所有子段，分别求出它们的和，其中的最大值就为本题答案。但枚举子段需要枚举子段的左右端点，加上各子段都需要遍历子段元素来求和，复杂度达到了 $O(n^3)$，下面给出了利用前缀和改进后的蛮力法的参考代码，复杂度为 $O(n^2)$。

```
int prefix[n+1];

void genPrefix(int a[n]){
    prefix[0]=0;
    for(int i=0; i<n; i++){
        prefix[i+1]=prefix[i]+a[i];
    }
}

int maxSubSeq(int a[n]){
    genPrefix(a);
    int maxVal=prefix[0];
    for(int i=0; i<n; i++){
        for(int j=i+1; j<=n; j++){
            int val=prefix[j]-prefix[i];
            if(val>maxVal){
                maxVal=val;
            }
        }
    }
    return maxVal;
}
```

分治法求解思路：定义 mid 为区间 $[left, right]$ 的中点，则区间 $[left, right]$ 的最大子段和存在的位置有 3 种可能：区间的左子区间 $[left, mid]$、右子区间 $[mid + 1, right]$，以及跨左右子区间的第三个区间，如图 4.3 所示。

显然，求左、右区间的最大子段和与求原问题的最大子段和是同一问题，可以利用递归实现；求跨区间的最大子段和只需要一次 $O(n)$ 的遍历操作即可。

分治法求解最大子段和伪代码如下。

图 4.3　最大子段和分治法求解思路

```
//求数组 a[n]的最大子段和
int maxSubSeq(a[n], left,right){
    if left=right then return a[left] end if;
        mid ← (left +right) / 2;
        max1 ← maxSubSeq(a,left,mid);
        max2 ← maxSubSeq(a,mid +1, right);
        max3 ← 从 mid 开始向左右扩展,找最大子段和
        return max(max3,max(max1,max2))
}
```

复杂度分析:

$$
\begin{aligned}
T(n) &= 2T\left(\frac{n}{2}\right) + n \\
     &= 2^2 T\left(\frac{n}{2^2}\right) + 2n \\
     &\quad\vdots \\
     &= 2^{\log_2 n} T(1) + n\log_2 n \\
     &= n + n\log_2 n
\end{aligned}
$$

所以,用分治法求解最大子段和问题的复杂度为 $O(n\log_2 n)$,优于前缀和法的 $O(n^2)$。

以 $n=7,a=\{2,-4,3,-1,2,-4,3\}$ 为例说明分治法求解最大子段和的过程,如图 4.4 所示。

在求解过程中,每个区间先求左子段和,然后求右子段和,最后求中间跨区域子段和。按递归过程,图 4.4 中每个区间的最大子段和的求解顺序如图中标号所示。示例问题最终求解的最大子段和为 4,相应的子段为跨左右子段的区域[3,-1,2]。

## 4.3.2　归并排序

**例 4.2**　归并排序。

排序算法中冒泡排序、选择排序、插入排序等算法的复杂度都为 $O(n^2)$,求解规模较大的问题时效率低下。

归并排序思路:对一个输入为 $n$ 的数组,利用二分法进行逐次递归,直到将子问题变为单个元素排序的子问题,如图 4.5 所示。

图 4.5 所示为结点数为 $n$ 的树,其深度为「$\log_2 n$」。由于叶子结点为 1 个元素,所以不用排序即保持有序。从叶子结点层开始,对每一层结点中的元素进行有序表的归并(两两合并),需要在每层上扫描整个数组,执行 $n$ 次比较、插入等操作。因此,归并排序算法的时间

图 4.4  分治法计算最大子段和过程示例

图 4.5  将输入为 $n$ 的问题划分为输入为 1 的子问题

复杂度为 $O(n\log_2 n)$，优于复杂度为 $O(n^2)$ 的排序算法。

归并排序代码如下。

```
//求数组 a[n]的最大子段和
int mergeSortq(a[n], left,right){
    if left=right then return a[left] end if;
        mid ← (left+right) / 2;
```

```
        mergeSort(a,left,mid);
        mergeSort(a,mid + 1, right);
        merge(a[left,mid],a[mid+1,right]);          //合并两个有序序列
    }
```

其中,合并两个有序序列 a[left..mid]、a[mid+1..right]的过程如图 4.6 所示。

图 4.6　有序序列合并过程

当合并完成后将数组 b 中的有序序列复制到 a[left,right]区间中,然后回收内存 b,这样数组 a 的区间[left,right]即为有序。通过逐次合并,最终数组为有序序列。

接下来,以 $n=7,a=\{3,8,4,5,2,6,1\}$ 为例执行归并排序,过程如图 4.7 所示。

图 4.7　归并排序执行过程

### 4.3.3　棋盘覆盖问题

**例 4.3**　棋盘覆盖问题。

在一个由 $2^n \times 2^n$ 个小方格组成的棋盘上,有一个特殊点 $(x,y)$ 已经被覆盖,利用如图 4.8 所示的 4 种 L 形骨牌来实现对棋盘全覆盖且没有重叠。

输出一个可行方案,将特殊点方格填入 0,第一块骨牌所覆盖的 3 个方格填入 1,第二块骨牌填入 2,以此类推。全部填入后,输出棋盘上所有方格的数字。

解题思路:观察 $n=1$ 的情况,即长度为 2,只需要对剩下 3 个方格填入 1,便得到可行

图 4.8    4 种 L 形骨牌

方案。再观察 $n=2$ 的情况,即长度为 4,可以看作 4 个长度为 2 的小棋盘,但只有一个小棋盘有特殊点,那么不妨在 4 个棋盘交汇处放入一个骨牌,让其余 3 个棋盘也有一个覆盖点,就可以看作 4 个独立的棋盘,每个棋盘都含有一个特殊点,便将 $n=2$ 的情况转换成了 4 个 $n=1$ 的情况。同理当 $n=3$ 的情况,即长度为 8,可以看作 4 个长度为 4 的小棋盘,但只有一个有特殊点。同样在交汇处放入骨牌,变成 4 个独立的棋盘,每个棋盘都含有一个特殊点。这便将 $n=3$ 的情况转换成了 4 个 $n=2$ 的情况。

显然,我们也不难用数学归纳法证明,对于有一个特殊方格的 $2^n \times 2^n$ 的棋盘,总能用若干图 4.8 所示的骨牌将该棋盘完全覆盖。简约证明:

(1) 当 $n=1(2\times2$ 棋盘)时,因为有一个特殊方格,剩下的 3 个格子正好是一种骨牌的形状,完成覆盖。

(2) 假设当 $n=k(2^k \times 2^k$ 棋盘)时,该问题可解。

(3) 那么,当 $n=k+1(2^{k+1} \times 2^{k+1}$ 棋盘)时,可以将棋盘划分为 4 个 $2^k \times 2^k$ 的子棋盘,特殊方格必在其中一个子棋盘内,对于剩下 3 个没有特殊方格的子棋盘,考虑用一个 L 形骨牌覆盖它们的汇合处,每个子棋盘正好覆盖一格,如图 4.9 所示。

图 4.9    棋盘覆盖问题转换

这样就将问题转化为 4 个 $n=k$ 的子问题,因为 $n=k$ 时可解,所以 $n=k+1$ 时也可解,证毕。

很明显这里运用到了分治法,将大棋盘问题分为独立的小棋盘问题。

例如,$n=2$,特殊格子位置(2,1),用分治法求解过程如图 4.10 和图 4.11 所示。

步骤 1:将交汇处放入骨牌,保证每个小棋盘都有一个点。

步骤 2:对 4 个小棋盘,分别再按照步骤 1 进行求解。

参考代码如下。

图 4.10  分治法解棋盘覆盖问题步骤 1          图 4.11  分治法解棋盘覆盖问题步骤 2

```
void solve(int x, int y, int rx, int ry, int len)
//x、y 表示棋盘左上角,rx、ry 表示特殊点位置,len 表示棋盘长度
{
    if(len == 1)
        return;
    ++tol;                          //本次编号
    len /= 2;
    int num = tol;
    //左上角
    if(x +len > rx && y +len > ry)      //左上角是否有特殊点
        solve(x, y, rx, ry, len);       //若有,则不需要放骨牌
    else
    {
        v[x +len -1][y +len -1] = num;
        //否则交汇处放骨牌,左上角交汇处为左上角棋盘的右下角
        solve(x, y, x +len -1, y +len -1, len);
    }
    //右上角同上
    if(x +len > rx && y +len <= ry)
        solve(x, y +len, rx, ry, len);
    else
    {
        v[x +len -1][y +len] = num;
        solve(x, y +len, x +len -1, y +len, len);
    }
```

```
//左下角同上
if(x +len <= rx && y +len > ry)
    solve(x +len, y, rx, ry, len);
else
{
    v[x +len][y +len -1] = num;
    solve(x +len, y, x +len, y +len -1, len);
}

//右下角同上
if(x +len <= rx && y +len <= ry)
    solve(x +len, y +len, rx, ry, len);
else
{
    v[x +len][y +len] = num;
    solve(x +len, y +len, x +len, y +len, len);
}
}
```

最近点对
问题

### 4.3.4　最近点对问题

**例 4.4**　最近点对问题。

给定平面上 $n$ 个点 $(x, y)$,找出距离最小的点对。

解题思路:对于点的数量过多的情况,使用复杂度为 $O(n^2)$ 的蛮力法求解效率低下。为了提高算法性能,应该尽量减少参与运算的点。考虑图 4.12 所示的问题,可以使用分治法来减少点的数量。

使用分治法需要考虑对点集合进行二分,尽量使划分后的左右点集的数量相当,提高递归的效率。将所有的点 $p(x, y)$ 按照 $x$ 为关键字进行升序排序,并使用 $x$ 的中位数 $m$ 将点集划分为左右两个集合 $A_1$、$A_2$,此时,两个集合中的点的数量相当。

在图 4.13 所示的情况中,最近点对可能的位置存在 3 种情况:存在于 $A_1$、$A_2$ 中,或者

图 4.12　最近点对问题

图 4.13　$P$ 集合的构造

存在于跨 $A_1$、$A_2$ 的中间区域,该区域记为集合 $P$。设在区域 $A_1$、$A_2$ 中最近点对的距离分别为 $d_1$、$d_2$,取 $d = \min(d_1, d_2)$,记将点集划分为两个集合的点为 $P_m(x_m, y_m)$,则集合 $P$ 中的点 $p_i(x_i, y_i)$ 满足

$$P = \{p_i \mid |x_i - x_m| < d\}$$

对于点 $P(x, y) \in P$,构造集合 $N(p)$:

$$N(p) = \{p_k \mid y - d < y_k \leqslant y, p_k \in P\}$$

$N(p)$ 如图 4.14 所示,其范围内点的 $y$ 坐标都不大于 $p$ 的 $y$ 坐标,以防止重复计算点对。通过 $y - y_k < d$ 排除距离超过 $d$ 的点,进一步减少参与计算的点。

在图 4.15 中,可将区域 $N(p)$ 划分为 8 个小的边长为 $\dfrac{d}{2}$ 的正方形区域,显然,每个区域中最多存在一个点,即 $N(p)$ 中共包含 8 个点,因此,对于每个点 $p$,需要计算的点最多只有 7 个(另一个是点 $p$)。

图 4.14  $N(p)$ 集合的构造          图 4.15  $N(p)$ 集合中点的数量分析

由此,可以得到分治法求解最近点对问题的代码如下。

```
//求最近点对
//A 为以点(x,y)的 x 为第一关键字、y 为第二关键字排序后的有序序列
int nearstPointPair(A){
    int min_dist;
    int m ← median(A);
    int d1 ← nearstPointPair(A1);
    int d2 ← nearstPointPair(A2);
    min_dist ← min(d1,d2);
    for each p in P
        int new_dist ← calcDistance(N(p),p)    //计算 p 与 N(p)中所有点的最小距离,
                                               //其中 N(p)中点的数量最多为 7
        min_dist ← update(new_dist,min_dist);
    end for
    return min_dist;
}
```

复杂度分析:

$$T(n)=2T\left(\frac{n}{2}\right)+n=\cdots=2^2T\left(\frac{n}{2^k}\right)+kn$$

当 $1\leqslant\dfrac{n}{2^k}$ 时,即 $k=\lfloor\log_2 n\rfloor$ 时,递归结束。

此时,$T(n)=n+n\log_2 n=O(n\log_2 n)$。

### 4.3.5　快速排序

例 4.5　快速排序,其基本思想如下。

(1) 在序列中选取一个元素作为轴值。

(2) 整理序列中的元素,使得比轴值小的元素集中到轴值的左边,比轴值大的元素都集中到轴值的右边,由此,轴值元素所处的位置正好是序列完成排序后该元素应该在的正确位置,称该元素已经归位,而该元素将原序列划分成左子序列(比轴值元素小的元素)和右子序列(比轴值元素大的元素)。

(3) 对左子序列和右子序列重复以上过程直到所有元素有序。

如果考虑每次在待排序序列中都选取序列中的第一个元素轴值,则上述过程可以用图 4.16 进行表示。

图 4.16　快速排序的基本思路

显然上述思路是符合分治策略的,对于一个待排序序列通过轴值划分为左右子序列,左右子序列可以重复这个过程,选取轴值划分为更小的子序列,当子序列只有一个元素时,显然该子序列已经有序,无须再划分。每次划分的过程可以确定一个元素的位置,当数组划分完成后,所有的元素有序,无须显示的合并操作。

依然用例 4.2 的样例,$n=7$,$a=\{3,8,4,5,2,6,1\}$,用快速排序求解过程如图 4.17 所示。

在快速排序的过程中,每次选取无序序列中第一个元素作为轴值,然后通过如下过程将小于轴值的元素移到轴值的左边,将大于轴值的元素都移到轴值的右边。

(1) 首先用 temp 记录轴值。

(2) 用 $i$ 指向序列的第一个元素,$j$ 指向序列的最后一个元素。

(3) 先用 $j$ 从右往左扫描,遇到第一个小于轴值 temp 的元素,则将该元素放到 $i$ 指向的位置上;然后用 $i$ 从左向右扫描,遇到第一个大于轴值的元素,则将该元素放到 $j$ 指向的位置上;重复这个过程,直到 $i=j$,即 $i$ 和 $j$ 指向同一个位置,此位置即为轴值 temp 应该在的正确

图 4.17　快速排序求解过程

位置。

（4）将轴值 temp 放到上面找到的位置上。

图 4.18 显示了上例中第一次划分的过程。

快速排序参考代码如下。

```
int position(int a[], int start,int end)    //轴值一次划分
{   int i=start, j=end;
    int temp=a[i];                          //以 a[i]为轴值
    while(i<j)                              //从两端交替向中间扫描,直至 i=j 为止
    {   while(j>i && a[j]>=temp)
            j--;                           //从右向左扫描,找到第一个小于 temp 的 a[j]
        a[i]=a[j];                         //找到这样的 a[j],放入 a[i]处
        while(i<j && a[i]<=temp)
            i++;                           //从左向右扫描,找到第一个大于 temp 的 a[i]
        a[j]=a[i];                         //找到这样的 a[i],放入 a[j]处
    }
```

图 4.18  快速排序划分过程

```
    a[i] = temp;
    return i;
}


void QuickSort(int a[], int start, int end)
                                              //对 a[start]到 a[end]的元素进行快速排序
{   int post;
    if(start<end)                             //区间内至少存在两个元素
    {   post=position(a, start, end);
        QuickSort(a, start, post-1);          //对左子区间递归排序
        QuickSort(a, post+1,end);             //对右子区间递归排序
    }
}
```

# ◆ 4.4 能力拓展

## 4.4.1 二进制的完全表示

例 4.6 任何一个正整数都可以用 2 的幂次方表示。将幂次用括号表示,即 $a^b$ 可表示为 $a(b)$。给定一个正整数 $n$,求出它二进制的完全表示。完全表示为只由 2、0、() 表示。

例如,73 可表示为 $2(6)+2(3)+2(0)$。

进一步表示:$6=2^2+2,3=2+2^0$。

因此,73 的完全表示为 $2(2(2)+2)+2(2+2(0))+2(0)$。

其中,$1\leqslant n\leqslant 2\times 10^4$。

解题思路:使用分治法求解该问题时,首先思考简化后的问题,对一个数的二进制表示,但不考虑指数二进制表示,这样就需要将数转换成二进制即可。当考虑指数的二进制表示时,只需要将指数看作子问题执行然后再将这些指数子问题合并即可。需要注意本题中 $2^1$ 直接用 2 表示,需要特判。

例如,$n=137$ 时,求解过程如下所示。

步骤 1:将数字二进制分解,如图 4.19 所示。

137: | $2^7$ | $2^3$ | $2^0$ |

图 4.19 二进制数完全表示步骤 1

步骤 2:求出所有指数的二进制表示。

$$7:2(2)+2+2(0)$$
$$3:2+2(0)$$
$$0:0$$

步骤 3:将所有指数的二进制表示合并。

$$2(7)+2(3)+2(0)$$

即为 $2(2(2)+2+2(0))+2(2+2(0))+2(0)$。

参考代码如下。

```
string solve(int n)
{
    if(n == 0)                          //特判为 0 和 1 的情况
        return "0";
    if(n == 1)
        return "2(0)";
    string rnt;
    for(int i = 30; i >= 0; i--)        //二进制分解过程
    {
        if((n >> i) & 1)
```

```
        {
            if(!rnt.empty())              //首部不要加"+"
                rnt += "+";
            if(i == 1)                    //如果为 2^1,直接加 2
                rnt += "2";
            else
                rnt += "2(" +solve(i) +")";
        }
    }
    return rnt;
}
```

### 4.4.2　求两个等长有序序列的中位数

**例 4.7**　在一个有序序列$[a_1,a_2,\cdots,a_n]$中,定义处于$(n+1)/2$位置的数为中位数。现有两个长度均为 $n$ 的有序序列$(a_1,a_2,\cdots,a_n)$和$(b_1,b_2,\cdots,b_n)$,要求设计一个时间复杂度为$O(\log_2 n)$的算法,求这两个序列合并成一个有序序列后的中位数。

**解题思路**:根据题意,很容易想到用蛮力法解决这个问题,即将这两个有序序列直接合并成一个长度为 $2n$ 的有序序列,然后就可以直接得到中位数。但是用蛮力法将两个有序序列合并成一个有序序列的时间复杂度是 $O(n)$,显然不符合题意的要求。下面来考虑用分治法解决这个问题。一般地,对于升序序列$(a_{\text{astart}},\cdots,a_{\text{aend}})$和$(b_{\text{bstart}},\cdots,b_{\text{bend}})$,可以分别获得两个序列的中位数为 $a_{\text{amid}}$ 和 $b_{\text{bmid}}$,其中:

$$\text{amid} = (\text{astart} + \text{aend})/2$$
$$\text{bmid} = (\text{bstart} + \text{bend})/2$$

下面可以分 3 种情况考虑。

(1) 若 $a_{\text{amid}}=b_{\text{bmid}}$,则 $a_{\text{amid}}$ 或 $b_{\text{bmid}}$ 即为要求的中位数,问题得解,如图 4.20 所示。

图 4.20　当 $a_{\text{amid}}=b_{\text{bmid}}$ 时示例

(2) 若 $a_{\text{amid}}<b_{\text{bmid}}$,则原问题的解一定在$[a_{\text{amid}},b_{\text{bmid}}]$区间,所以 a 序列中小于 $a_{\text{amid}}$ 和 b 序列中大于 $b_{\text{bmid}}$ 的部分不再考虑。去掉这两部分得到两个新的序列,继续找两个序列的中位数。过程如图 4.21 所示。

(3) 若 $a_{\text{amid}}>b_{\text{bmid}}$,则原问题的解一定在$[b_{\text{bmid}},a_{\text{amid}}]$区间,所以 a 序列中大于 $a_{\text{amid}}$ 和 b 序列中小于 $b_{\text{bmid}}$ 的部分不再考虑。去掉这两部分得到新的两个序列,继续找新的两个序列的中位数。过程如图 4.22 所示。

根据上面的描述,对于(1)描述的情况,问题直接得解,对于(2)和(3)所描述的情况,去掉不需要考虑的元素,获得规模只有原问题一半的两个新有序序列,并继续求解,直到遇到

图 4.21　当 $a_{amid} < b_{bmid}$ 时示例

图 4.22　当 $a_{amid} > b_{bmid}$ 时示例

情况(1)问题直接得解,或者规模不断减小的两个新序列中均只剩下一个元素时,取这两个元素的最小值即为原问题的解。这种用分治法求解的过程时间复杂度为 $O(\log_2 n)$。

参考代码如下。

```
int solution(int a[],int astart,int aend,int b[],int bstart,int bend)
{  int amid,bmid;
   if(astart==aend && bstart==bend)          //两序列均只有一个元素时返回较小者
      return a[astart]<b[bstart]?a[astart]:b[bstart];
   else
   {
      amid=(astart+aend)/2;                   //求序列 a 中位数位置
      bmid=(bstart+bend)/2;                   //求序列 b 中位数位置
      if(a[amid]==b[bmid])                    //两中位数相等时返回该中位数
         return a[amid];
      if(a[amid]<b[bmid])                     //当 a[amid]<b[bmid]时
      {  update1(astart, aend, bstart, bend);
                                              //更新 astart、aend、bstart、bend
```

```
                                        //去掉序列 a 不需要的前半部分
                                        //去掉序列 b 不需要的后半部分
        return solution(a, astart, aend, b, bstart, bend);
    }
    else                                //当 a[amid]>b[bmid]时
    {  update2(astart, aend, bstart, bend);
                                        //更新 astart、aend、bstart、bend
                                        //去掉序列 a 不需要的后半部分
                                        //去掉序列 b 不需要的前半部分
        return solution(a, astart, aend, b, bstart, bend);
    }
  }
}
```

### 4.4.3  找第 $k$ 大的元素

找第 $k$ 大
的元素

例 4.8  给定一个有 $n$ 个元素的无序序列$(a_1,a_2,\cdots,a_n)$,求序列中第 $k$ 大的元素(降序排列第 $k$ 位)。

解题思路:根据题意很容易想到,如果对该序列进行降序排序后,位置为 $k$ 的元素 $a_k$ 即为要找的元素。对于规模大的问题,使用直接排序的方式效率难以达到要求。实际上对于本问题来说,只需要定位到第 $k$ 个数即可,并不需要对数组进行排序。显然,快速排序的划分过程可以达到这一要求。如果在快速排序的过程中,选取的某个轴值元素在划分完成后的位置正好是 $k$,那么该轴值元素即为要找的第 $k$ 大的元素 $a_k$。

设当前选取的轴值在划分完成后的位置是 $i$,即确定了轴值 $a_i$ 的位置,如果 $i=k$,得解 $a_k$;如果 $i<k$,说明 $a_k$ 是比 $a_i$ 小的元素,则只需对右子区间继续进行快速排序就行了;同理,如果 $i>k$,在左子区间进行快速排序。

根据上面的分析,对于序列$(a_{start},\cdots,a_{end})$,确定 $a_{start}$ 为轴值,将其归位到 $a_i$,则分以下 3 种情况考虑。

(1) 如果 $i=k$,问题的解即为 $a_i$。

(2) 如果 $i<k$,递归在序列$(a_{i+1},\cdots,a_{end})$中求解。

(3) 如果 $i>k$,递归在序列$(a_{start},\cdots,a_{i-1})$中求解。

依然用例 4.5 的样例,$n=7,k=4,a=\{3,8,4,5,2,6,1\}$,第 $k$ 大的数求解过程如图 4.23 所示。

参考代码如下。

```
int QuickSearch_k(int a[],int start,int end, int k){
    int i=start,j=end,temp;
    if(start<end){                      //当序列至少还有两个元素时
```

图 4.23　求解序列中第 $k$ 大的数的过程

```
    temp=a[start];
    while(i<j){                    //从区间两端交替向中间扫描,直至 i=j 为止
        while(j>i && a[j]<=temp)   //注意是按降序
            j--;
        a[i]=a[j];
        while(i<j && a[i]>=temp)   //注意是按降序
            i++;
        a[j]=a[i];
    }
    a[i]=temp;
    if(i==k)
        return a[i];
    else if(i<k)                   //在右区间中递归查找
        return QuickSearch_k(a,i+1,end,k);
    else                           //在左区间中递归查找
        return QuickSearch_k(a,start,i-1,k);
    }
else if(start==end&&start==k)      //区间内只有一个元素且为 a[k]
    return a[k];
}
```

◇习　题

**1. 子段和之差的最大值**

问题描述：给出一个长度为 $n$ 的整数序列 $a$，选出其中连续且非空的两段使得两段之差最大。其中，$1 \leqslant n \leqslant 2 \times 10^5$，$|a_i| \leqslant 10^4$。

**2. 排列树**

问题描述：给定一个大小为 $n$ 的序列 $a$，其为 $1 \sim n$ 的排序。现要将其变成一棵二叉树。

要求：

(1) 最小值作为父结点。

(2) 最小值左侧的排序形成新的子二叉树，作为左子树。

(3) 最小值右侧的排序形成新的子二叉树，作为右子树。

输出序列中每个数最后在二叉树上的深度(根结点的深度为 1)。其中，$1 \leqslant n \leqslant 10^3$。

**3. 合法数组**

问题描述：给定一个正整数 $N$，求数组 $A$ 是 $1 \sim N$ 的一个排列，要求对于所有 $i < j$，都不存在 $k$ 满足 $i < k < j$ 使得 $2 \times A_k = A_i + A_j$，称这样的数组为合法数组。

**4. 众数问题**

问题描述：给定一个大小为 $n$ 的数组 $A$，找出出现次数超过 $\lfloor n/2 \rfloor$ 的元素(保证必定存在这个元素)。

**5. 最短距离**

问题描述：给定一个长度为 $n$ 的序列 $a$、$b$，定义距离函数：

$$f(i,j) = (i-j)^2 + \left( \sum_{k=\min(i,j)+1}^{\max(i,j)} a[k] \times b[k] \right)^2$$

其中 $i,j \in (1,n)$，且 $i \neq j$，求出最小的距离($1 \leqslant n \leqslant 10^5$，$|a_i|$，$|b_i| \leqslant 10^2$)。

**6. 逆序对**

问题描述：给定一个长度为 $n$ 的序列 $a$，求出有多少对 $(i,j)$ 满足 $i < j$ 且 $a_i > 3 \times a_j$。其中，$1 \leqslant n \leqslant 5 \times 10^4$，$|a_i| \leqslant 10^9$。

**7. 重复数字问题**

问题描述：给定一个长度为 $n+1$ 的序列 $a$，求出任意一个重复的数。其中 $1 \leqslant n \leqslant 10^5$，$1 \leqslant a_i \leqslant n$。要求额外的空间复杂度为 $O(1)$。

**8. 约数和**

问题描述：现有两个非负整数 $x$ 和 $y$，$f$ 是 $x^y$ 的所有约数和。请输出 $f$ 对 $1e9+7$ 取模的结果。其中，$0 \leqslant x, y \leqslant 5 \times 10^7$。

**9. 时间分治问题（CDQ）**

问题描述：给定一个 $N \times N$ 的矩阵，所有矩阵元素的初始值为 $S$。现对矩阵进行 $M$ 次操作，每次操作可以是：操作 1，将下标位置为 $(x, y)$ 的元素值增加 $v$；或者操作 2，求得并输出下标位置从 $(x_1, y_1) \sim (x_2, y_2)$ 的子矩阵中所有元素值之和。其中，$1 \leqslant N \leqslant 2 \times 10^5$，$1 \leqslant M \leqslant 10^5$，$1 \leqslant v \leqslant 10^4$，$1 \leqslant x, y \leqslant N$。

例如，有以下输入：

```
4 4
1 2 3 3
2 1 1 3 3
1 2 2 2
2 2 2 3 4
3
```

其中：

第一行输入表示所有矩阵元素的初始值为 0，矩阵大小为 $4 \times 4$。

第二行输入表示操作 1，将下标为 $(2, 3)$ 的元素值加 3。

第三行输入表示操作 2，求下标从 $(1, 1)$ 到 $(3, 3)$ 的子矩阵的所有元素之和（并输出）。

第四行输入表示操作 1，将下标为 $(2, 2)$ 的元素值加 2。

第五行输入表示操作 2，求下标从 $(2, 2)$ 到 $(3, 4)$ 的子矩阵的所有元素之和（并输出）。

第六行输入 3，表示输入完毕。

输出结果如下。

```
3
5
```

**10. 权值 $K$**

问题描述：给定一棵 $N$ 个结点的树，结点编号从 1 开始，每条边都有权值。求一个简单路径，路径上各边权值和等于 $K$，且路径包含的边数量最少。$N-1$ 条无向边，每条边有个权值 $W$。其中，$1 \leqslant N \leqslant 2 \times 10^6$，$1 \leqslant a \leqslant 10^6$。

第
5
章

# 回 溯 法

## ◆ 5.1 概　　述

在现实世界中,很多问题没有(至少目前没有)有效的算法,这些问题的求解只能通过蛮力穷举搜索来实现。但蛮力法需要生成并评估所有的解,执行效率低下。

回溯法(BackTracking Method)是一种深度优先搜索算法,该方法试图穷举所有可能的解,因此,回溯法能够确保获得最优解。在搜索过程中根据问题约束等规则对搜索树进行剪枝操作,跳过部分搜索区域,提高算法性能。回溯法按选优条件向前搜索,以达到目标。但当探索到某一步时,发现原先选择并不优或达不到目标,就退回一步重新选择,这种走不通就退回再选择另外一个方向试探的技术称为回溯法,满足回溯条件的某个状态的点称为"回溯点"。回溯法把问题的解空间转化成了图或者树的结构表示,然后使用深度优先搜索策略进行遍历,遍历的过程中记录和寻找所有可行解或者最优解。

## ◆ 5.2 回溯法设计思路

复杂问题常常有很多可能解,这些可能解构成问题的解空间。确定了问题的解空间结构后,回溯法将从开始结点(根结点)出发,以深度优先的方式搜索整个解空间。搜索过程从开始结点开始搜索,将开始结点进行扩展。在当前的扩展结点处,向纵深方向搜索并移至一个新结点,这个新结点就成为一个新的活结点,并成为当前的扩展结点。如果在当前的扩展结点处不能再向纵深方向移动,则当前的扩展结点就成为死结点。此时应回溯至最近的一个活结点处,并使其成为当前的扩展结点。回溯法以上述工作方式递归地在解空间中搜索,直至找到所要求的解或解空间中已无活结点时为止。

运用回溯法解题的关键要素有以下 3 点。

(1) 针对给定的问题,定义问题的解空间。

(2) 确定易于搜索的解空间结构。

(3) 以深度优先方式搜索解空间,并且在搜索过程中用剪枝函数避免无效搜索。

回溯法的算法框架如下。

```
void back_trace(int t) {
    if(t ≥ n && x is better than optimal_x)        //当前解更优
        optimal_x=x;                               //保留当前解
        update_bound(x);                           //更新剪枝函数,回溯至上一级
    else
        for(int i=s; i<=e; i++) {
            x[t]=node(i);
            if(constraint(t) && bound(t))
                back_trace(t+1);
        }
}
```

其中,t 表示递归深度,即当前扩展结点在解空间树中的深度;n 是解空间树的高度。当 $t \geq n$ 时,算法已搜索到一个叶子结点,即当前解,此时对当前解进行判断,如果比已搜索到的最优解更好,则更新最优解,同时,更新剪枝函数。已搜索到的最优解越接近问题的最优解,则后续剪枝效果越好。s 和 e 表示在当前扩展结点处子树的起始编号和终止编号;node(i)表示在当前扩展结点处的第 i 个结点;函数 constraint(t)和 bound(t)分别表示当前扩展结点处的约束函数和剪枝函数。深度优先搜索继续进行的条件是满足问题约束且该结点处不剪枝;否则,剪去相应的结点。

## ◇ 5.3 回溯法示例与过程分析

### 5.3.1 n 皇后问题

**例 5.1** 在 $n \times n$ 格的国际象棋棋盘上摆放 n 个皇后(见图 5.1,此时 $n=8$),使其不能互相攻击,即任意两个皇后都不能处于同一行、同一列或同一斜线上,有多少种摆法?

n 皇后是由八皇后问题演变而来的。该问题由国际象棋棋手马克斯·贝瑟尔于 1848 年提出:在 $8 \times 8$ 格的国际象棋棋盘上摆放 8 个皇后,使其不能互相攻击,即任意两个皇后都不能处于同一行、同一列或同一斜线上,求有多少种摆法。高斯认为有 76 种方案。1854 年,在柏林的象棋杂志上不同的作者发表了 40 种不同的解,后来有人用图论的方法解出 92 种结果。

下面用数组模拟棋盘,从第一行开始,依次选择位置,如果当前行中皇后位置满足条件,则选择下一行皇后的位置;如果不满足条件,那么当前位置后移一位继续搜索。

图 5.1 八皇后问题示意图

下面以四皇后为例说明利用回溯法求解 n 皇后问题的过程。

步骤 1:在第 1 行放第一个皇后不受约束,可以在 4 个位置上随意放置。为了对整个解

82

空间进行遍历,每一个位置都不能漏掉。因此,将第 1 行的皇后放在第 1 行第 1 列的位置开始搜索。

步骤 2:当第一个皇后放在第 1 列后,根据问题约束,第 2 行的皇后只能放在第 3 列或者第 4 列,如图 5.2(a)所示。选择在第 2 行第 3 列放置第二个皇后,如图 5.2(b)所示。

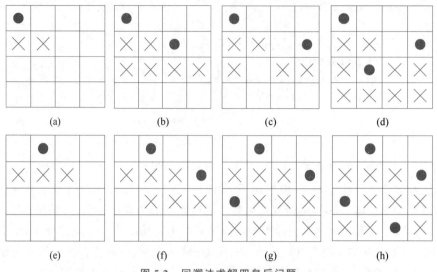

图 5.2  回溯法求解四皇后问题

步骤 3:如图 5.2(b)所示,按照以上两步放置皇后将导致第三个皇后没有合适的位置进行放置,此时,搜索将无法继续,需要回溯重新决策第二个皇后的位置,如图 5.2(c)所示。

步骤 4:根据前面的决策,第三个皇后有一个合适的位置进行放置,即第 2 列。将第 3 行第 2 列放置第三个皇后,则第四个皇后没有合适的位置放置,如图 5.2(d)所示。

步骤 5:由于第四个皇后无法放置,则回溯重新决策第三个皇后的位置,选择下一个合适的位置放置第三个皇后,由于第三行中无新的位置可选,因此,需要回溯重新决策第二个皇后的位置,但第二个皇后可能的位置都已被搜索,所以,最终回溯重新决策第一个皇后的位置,如图 5.2(e)所示。

步骤 6:第一个皇后放在第 2 列,第二个皇后可选位置为第 4 列。根据问题约束,当将第二个皇后放置在第 4 列,第三个皇后的可能位置只有第 1 列,如图 5.2(f)所示。

步骤 7:将第三个皇后放置于第 1 列,第四个皇后的可选位置为第 3 列。当将第四个皇后放置于第 3 列,此时,已搜索至解的叶子结点,得到第一个可行解。

步骤 8:由于第四个皇后无新的位置可以放置,回溯重新决策第三个皇后的位置;由于第三个皇后无新的位置可以放置,回溯重新决策第二个皇后的位置;同理,由于第二个皇后无新的位置放置,回溯重新决策第一个皇后的位置;第一个皇后还有第 3 列、第 4 列两个位置可以搜索,此时,将第一个皇后放置于第 3 列,重新开始搜索,寻找新的可行解。按照上述过程遍历解空间树,即可得到所有可行解。

值得注意的是,问题的求解并不需要用 $n \times n$ 的数组来表示结果,而只需要一个 $n$ 长度的数组来表示每一行的皇后位置即可,即 $arr[i] = k$,表示第 $i$ 行的皇后位置为 $k$。此时使用一个 $arr[n]$ 的数组就可以表示一个解,通过回溯可以得到所有可行解。

$n$ 皇后问题的回溯法算法如下所示。

//输入:n,表示皇后个数
//输出:n 皇后问题的所有可行解
步骤 1:初始化解向量 arr[i]={-1};
步骤 2:i=1;
步骤 3:while(i>=1)
　　　步骤 3.1 把皇后 i 摆放在下一列,即 arr[i]++,如果 arr[i]>n,则置 arr[i]=-1,i--,转步骤 3;
　　　步骤 3.2 考查 arr[i]位置,如果不发生冲突,则转步骤 3.3;否则转步骤 3 回溯;
　　　步骤 3.3 若 n 个皇后已全部摆放,输出可行解,转步骤 3 继续搜索下一个可行解,否则,i++,转步骤 3;
步骤 4:退出循环,搜索结束。

### 5.3.2  0-1 背包问题

0-1 背包
问题

**例 5.2**  有一个背包,最多能承载 10kg,现在有 3 个物品,质量分别为[4,8,5]、价值分别为[24,40,20],详情如表 5.1 所示。那么应该如何选择才能使得你的背包背走最多价值的物品?

表 5.1  0-1 背包问题示例

| 物　品 | 质量($w$)/kg | 价值($v$)/元 | 价值/质量($v/w$) |
|---|---|---|---|
| 1 | 4 | 24 | 6 |
| 2 | 8 | 40 | 5 |
| 3 | 5 | 20 | 4 |

解题思路:对于每一个物品 $i$,该物品只有选与不选两种选择,总共有 n 个物品,可以顺序依次考虑每个物品,这样就形成了一棵解空间树。求解的基本思想就是遍历这棵树,以枚举所有情况,最后进行判断,如果质量不超过背包容量,且价值最大,该方案就是问题的解。

定义:$c_r$ 为背包剩余质量、$w[i]$ 为第 $i$ 个物品的质量、$C$ 为背包总质量、$c_v$ 为当前背包价值、$r$ 为剩余物品总价值、bestv 为当前最优解的值。

在决策第 $i$ 个物品是否选择时,当前状态的左子树表示选择装入,右子树表示选择不装入。

剪枝策略如下。

(1) 约束函数:如果第 $i$ 个物品加入背包使得约束条件不成立,即 $c_r < w[i]$,则无法装入第 $i$ 个物品,剪去左子树。

(2) 限界函数:如果剩余所有物品价值与当前背包价值之和小于当前的最优值,即 $c_v + r \leqslant$ bestv,说明在当前状态无法搜索到更优的物品组合,放弃在右子树上进一步搜索。

表 5.1 所示问题搜索过程如下。

(1) 从根结点 A 开始按深度优先搜索。首先决策第一个物品是否装入背包。此时,$C=10, w[1]=4, r=84$,bestv$=0, c_v=0$。显然,$C>w[1]$,可以在左子树上进行搜索。

(2) 左子树根结点为 B,由于 $c_r = 10-4 = 6 < 8$,所以第二个物品不能放入背包,因此,剪枝左子树;由于此时 bestv$=0$,可以在 B 的右子树 E 上进行搜索。

(3) 在右子树 E 上决策第三个物品是否放入,由于 $c_r=10-4=6>5$,因此,可以将第三个物品放入背包,进入左子树 J 搜索。由于 J 为叶子结点,说明搜索到了一个可行解,该可行解为 $(1,0,1)$,所对应的背包价值 total_val$=44>$bestv(初值为 0),保留当前最优解:bestv$=44$。

(4) 搜索到可行解后回溯至 J 的父结点 E,判断是否进入 E 的右子树搜索。此时 $c_v=24,r=0$,显然 $c_v+r\leqslant$bestv,所以右子树剪枝。至此,E 的左右子树搜索完毕,回溯至父结点 B;B 的左右子树已搜索完毕,回溯至父结点 A。

(5) 在结点 A 处 $c_v=0,r=60>$bestv,所以可以进入右子树 C 搜索。此时,$c_r>w[2]$,可以进入左子树 F 搜索。

(6) 在左子树 F 处,$c_r=10-8=2<5$,所以第三个物品不能放入背包,剪枝左子树 L,进入右子树 M 搜索。由于 M 为叶子结点,所以搜得一个新的可行解 $(0,1,0)$。该解对应的背包价值 total_val$=40<$bestv,不更新 bestv。

(7) M 搜索完毕回溯至父结点 F,此时,F 左右子树已搜索完毕,回溯至父结点 C。在结点 C 处,$c_v+20<$bestv,所以右子树没有必要搜索,直接剪枝。

(8) C 的左右子树搜索完毕,回溯至父结点 A。此时,A 的左右子树搜索完毕,解空间中的每一个解都得到了遍历,所搜索到的 bestv 即为问题的最优解。

0-1 背包问题的回溯法求解过程如图 5.3 所示。

图 5.3 0-1 背包问题的回溯法求解过程

0-1 背包问题的回溯法算法如下所示。

```
//输入:背包总质量 C,物品个数 n,第 i 个物品的质量 w[i],价值 v[i]
//输出:问题的最优解选择的物品 x0[](x0[i]为1代表选择第 i 件物品,x0[i]为0代表不选
择),bestv 为最优解的总价值
//x[],x[i]为1代表选择第 i 件物品,为0代表不选择
cr ← C                                              //背包剩余质量
```

```
cv ← 0                                        //背包当前价值
r ← v[1]+v[2]+…+v[n]                          //剩余物品总价值
bestv ← 0                                     //最优解的总价值


knapwack(i,r,cv,cr) //i 为第 i 件物品,r 为剩余物品总价值,cv 为背包当前价值,cr 为背包
                    //剩余质量
{
    if cr>=0 and cv>bestv then                //找到并更新最优解
        bestv ← cv;
        for j ← 1 to i
            x0[j] ← x[j]
        end for
        for j ← i+1 to n
            x0[j] ← 0
        end for
    end if
    if cv+r<=bestv then                       //限界函数剪枝
        return
    end if
    if cr>=w[i] then                          //只有 cr>=w[i]才需要搜索左子树
        x[i] ← 1
        knapwack(i+1,r-v[i],cv+v[i],cr-w[i])  //搜索左子树
        x[i] ← 0
    end if
    knapwack(i+1,r-v[i],cv,cr);               //搜索右子树
}
```

### 5.3.3　图的 $m$ 着色问题

**例 5.3**　给定无向连通图 $G = (V,E)$ 和正整数 $m$,求最小的整数 $m$,使得用 $m$ 种颜色对 $G$ 中的顶点着色后任意两个相邻顶点着色不同。

图的 $m$
着色问题

解题思路:问题要求任意相邻顶点颜色不同。如图 5.4(a)所示,有 A、B、C、D、E 共 5 个顶点组成的无向图 $G$,如果采用图 5.4(b)的着色方法,可以看到相邻顶点 B、C 着色相同,因此该解为错误解;如果采用图 5.4(c)的着色方法,则满足题目条件,因此该解为可行解。

给定足够多的颜色,即 $m$ 足够大,问题一定存在解。图的 $m$ 着色问题的目标是找到最小的 $m$ 使得图的着色方案可行。

对于有 $n$ 个顶点的图,每个顶点有 $m$ 种着色方案,整个问题解空间构成一棵深度为 $n$ 的 $m$ 叉树,可以利用回溯法在解空间树种遍历所有路径,搜索到最小的 $m$。由于问题的解空间树规模大,需要有效的方案进行剪枝操作,避免不必要的操作。

剪枝策略如下。

(1)约束函数:图的相邻顶点颜色不能相同,如果给某个顶点着色导致相邻顶点颜色相同,则剪去该扩展分支。

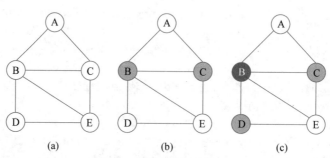

图 5.4　图的着色问题示例

（2）限界函数：用变量 $m$ 记录当前最优解（最小值），在搜索的过程中记录部分解中已经使用颜色数量 clr，如果 clr $\geqslant m$，则终止当前解的搜索，回溯到合适的位置再行搜索其他解。

例 5.3 所示问题解空间树搜索过程如图 5.5 所示。

图 5.5　图的 $m$ 着色问题解空间树搜索过程

对于 $n=5$ 的图 5.4 所示问题，求最小颜色数 $m$ 的过程如下。

（1）搜索树从状态 1 开始，为顶点 A 赋 1 号颜色，此时没有颜色冲突，满足问题约束，转入状态 2。

（2）为顶点 B 赋 1 号色，与 A=1 冲突，所以该分支被剪枝；接着为 B 赋 2 号色，没有颜色冲突,满足问题约束,转入状态 4。

(3) 为顶点 C 赋 1、2 号色,分别与 A＝1、B＝2 冲突,所以只能为 C 赋 3 号色,没有颜色冲突,满足问题约束,转入状态 7。

(4) 为顶点 D 赋 1 号色,没有颜色冲突,满足问题约束,转入状态 8。

(5) 为顶点 E 赋 1、2、3 号色,分别与 B＝2、C＝3、D＝1 冲突,所以只能为 E 赋 4 号色。此时,搜索已到达解空间树的叶子结点,着色方案(1,2,3,1,4)是一个可行方案,总共用了 $m＝4$ 种颜色。

(6) 为了遍历解空间树,从状态 12 回溯至状态 8,状态 8 下的 4 种选择已遍历完毕,继续回溯至状态 7,为顶点 D 赋 2 号色,与 B＝2 的方案冲突,所以该分支被剪切,继续为顶点 D 赋 3 号色,满足问题约束,转入状态 14。

(7) 在状态 14 结点为顶点 E 赋 1 号色,满足问题约束,此时搜索到达解空间树的叶子结点,着色方案(1,2,3,3,1)是一个可行解,总共用了 $m＝3$ 种颜色。

(8) 从状态 15 回溯至状态 14,此时部分解为(1,2,3,3),已用了 clr＝3 种颜色,继续在状态 14 下探索 E 的着色方案并不能优化 $m$ 的值,所以这些虚线内所有分支都被剪枝,以减少搜索空间。

(9) 从状态 14 回溯至状态 7,此时部分解为(1,2,3),已用了 clr＝3 种颜色,所以状态 7 下其他分支被剪枝;继续回溯至状态 4,此时部分解为(1,2),使用颜色数量为 clr＝2,$m$ 存在优化空间,但此时状态 4 已遍历了 $m＝3$ 种颜色,所以只能回溯至状态 2。

(10) 在状态 2 下可以为顶点 B 赋 3 号色转入状态 18,在状态 18 下为顶点 C 赋 1 或者 3 号色均不满足问题约束;因此,只能为顶点 C 赋 2 号色,但此时部分解已使用了 clr＝3 种颜色,无法优化 $m$,所以这些分支都被剪枝。

(11) 此时,A＝1 的分支全部搜索完毕,回溯至状态 1 并赋 A＝2 转入状态 21 继续进行搜索,由于状态 21 下的分支不能满足问题约束或者无法优化 $m$ 都被剪枝,回溯至状态 1 并赋 A＝3 转入状态 25 继续进行搜索,具体过程与 A＝2 类似,其扩展结点先后被剪枝。

经过搜索,可得 $m$ 的最优解为 3,即至少需要 3 种颜色才能为图 5.4 所示的无向图进行着色且相邻顶点颜色不同。

搜索图的 $m$ 着色问题的最小 $m$ 值伪代码如下。

```
//color[]表示可行解,color[i]表示为第 i 个顶点赋的颜色号
m←∞
search_min_clr(i){
    clr ← cnt_clr(color[1..i-1])    //cnt_clr 用于统计部分解中颜色数量
    if clr>=m then                  //部分解使用颜色数量大于或等于最优解 m
        return                      //剪枝回溯至上一个状态
    end if
    if i>n and clr<m then           //涂色完成且使用颜色小于最优解,记录最优解至 m 中
        m ← clr
        return                      //回溯至上一个状态
    end if
    for j ← 1 to m
```

```
        color[i] ← j
        if judge(i) then              //judge用于判断任何相邻顶点颜色是否不同,否则剪枝
            search_min_clr(i+1)       //搜索下一个顶点颜色
        end if
        color[i] ←0
    end for
}
```

### 5.3.4　批处理作业调度问题

**例 5.4**　设有 $n$ 个作业$\{1,2,\cdots,n\}$要在两台机器上处理,每个作业要先在机器 1 上处理,再在机器 2 上处理,请给出一种作业调度方案,使得所有任务完成的总时间最短。

解题思路:问题的目标是求批处理作业调度完成的最短时间,基本策略是尽量保证每台机器的空闲时间最小。显然,第一台机器在调度作业时不受加工顺序制约,所以,第一台机器不能空闲,否则会推迟作业在第二台机器上的开始加工时间。

以表 5.2 所示问题说明不同的作业调度顺序会影响完成的时间。

表 5.2　批处理作业调度问题示例

| 作　　业 | 机器 1 加工时间 | 机器 2 加工时间 |
| --- | --- | --- |
| $J_1$ | 2 | 1 |
| $J_2$ | 4 | 2 |
| $J_3$ | 3 | 3 |

**1. 调度方案一:$J_1 \rightarrow J_2 \rightarrow J_3$**

从图 5.6 可知,完成所有任务所需时间为 12。

图 5.6　调度方案一完成任务所需时间

**2. 调度方案二:$J_3 \rightarrow J_1 \rightarrow J_2$**

从图 5.7 可知完成所有任务所需时间为 11。

显然,调度顺序决定最终完成工作的时间。为得到最优调度顺序,需要搜索所有可能的调度方案。设共有 $n$ 个作业,未调度任何作业为状态 1,在状态 1 下可以调度任一作业,当确定状态 1 所调度的作业后,下一级结点只能从剩下的 $n-1$ 个作业中选择,因此,解空间树是一棵排列树,如图 5.8 所示。

图 5.7　调度方案二完成任务所需时间

图 5.8　解空间树

图 5.8 所示的排列树中包含了 3 种作业的全排列,只要搜索整棵解空间树,一定可以搜索到最优调度方案。显然,全排列树随着问题规模增加解空间急剧膨胀,是一个典型的 NP 难问题。因此,回溯法只适用于求解小规模的问题,而且需要对解空间树进行剪枝以提高搜索速度。

定义 $a[i]$ 为第 $i$ 个作业在第一台机器上的加工时间,$b[i]$ 为第 $i$ 个作业在第二台机器上的加工时间,m1[1..n] 为机器 1 上已调度作业的结束时间,m2[1..n] 为机器 2 上已调度作业结束的结束时间,$x[1..n]$ 表示 $n$ 个作业的调度方案。根据图 5.9 可得作业在两台机器上的结束时间。

根据图 5.9 可知第 $k$ 个作业在机器 1、机器 2 上的结束时间分别为

$$\mathrm{m1}[k] = \mathrm{m1}[k-1] + a[x[k]]$$
$$\mathrm{m2}[k] = \max(\mathrm{m1}[k], \mathrm{m2}[k-1]) + b[x[k]]$$

设当前搜索到的最优调度所需时间为 $t_{\mathrm{best}}$,当前搜索调度第 $k$ 个作业,剩余作业在机器 2 上加工时间为 sum,则可按如下规则剪枝。

剪枝规则:如果 m2$[k]$+sum$\geqslant t_{\mathrm{best}}$,则剪枝,如图 5.10 所示。

批处理作业调度问题的回溯算法可表示如下。

```
//输入:第 i 个作业在机器 1 上的处理时间 a[i],在机器 2 上的处理时间 b[i]
//输出:最优调度序列 x0[1..n]
//x[1..n],当前调度序列
//f[1..n],f[i]为 1 代表第 i 个作业已被处理,为 0 代表未被处理
```

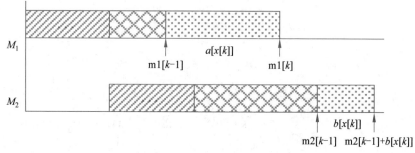

图 5.9    作业在机器 1、机器 2 上的结束时间

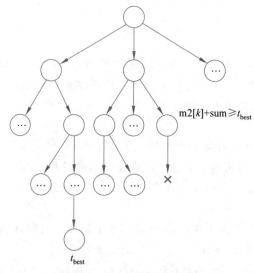

图 5.10    搜索过程剪枝示例

```
//m1[1..n],机器 1 上已调度作业的结束时间
//m2[1..n],机器 2 上已调度作业的结束时间
tbest ← ∞                        //最优调度所需的时间
sum ← b[1]+b[2]+…+b[n]           //剩余作业在机器 2 上的加工时间
solve(k,sum)                     //第 k 个调度作业
{
    if k==n
```

```
        if m2[x[k]]<tbest then      //当前调度所需时间小于最优调度所需时间,进行更新
            tbest ← m2[x[k]]
            for i ← 1 to n
                x0[i] ← x[i]
            end for
        end if
        return
    end if
    if m2[k]+sum>=tbest then        //剪枝
        return
    end if
    for i ← 1 to n
        if f[i]==0 then
            f[i] ← 1
            x[k+1] ← i
            m1[k+1] ← m1[k]+a[x[k+1]];
            m2[k+1] ← max(m1[k+1],m2[k])+b[x[k+1]];
            solve(k+1,sum-b[i])
            f[i] ← 0
        end if
    end for
}
```

## ◆ 5.4　能力拓展

### 5.4.1　全排列问题

例 5.5　给定一个由不同的小写字母组成的字符串,输出这个字符串的所有全排列。

解题思路:根据问题可知,该问题是一个典型的全排列问题。以 $s=$"abc"为例,可得如图 5.11 所示排列树。

通过遍历图 5.11 中所有的路径即可求解所有字符的全排列。以图 5.12 所示结构来存储遍历过程中的字符序列。其中 $s[]$是字符序列,indicator[]指示该位置上的字符是否已被选择。

具体过程如下。

(1)从状态 0 开始搜索,indicator[]都为 0,说明 3 个字符都可以选择,按照顺序从左至右进行选择,将字符'a'放入 $t[0]$中,indicator[0] = 1;然后转入状态 2,将字符'b'放入 $t[1]$,indicator[1] = 1;最后转入状态 3,将字符'c'放入 $t[2]$,如图 5.13 所示。

(2)此时已到达叶子结点,输出数组 $t[]=$"abc",终止本路径的搜索,回到上一级,置 indicator[1] = 0 进行回溯,此时结构如图 5.14 所示。

图 5.14 所示结构说明"abc"3 个字符中只有'a'被选择,另外的'b'和'c'都可以选择。因为'b'已被选择过,所以选择另一个字符'c'放入 $t[1]$,置 indicator[1] = 1,转入状态 4,如图 5.15 所示。

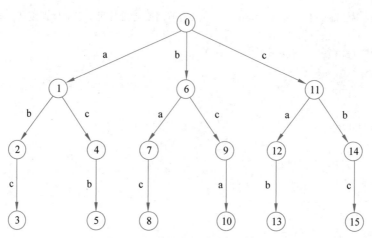

图 5.11 字符串"abc"的排列树

| $s$ | a | b | c |
|---|---|---|---|
| indicator | 0 | 0 | 0 |

图 5.12 标识字符是否被选择的结构

| $s$ | a | b | c |
|---|---|---|---|
| indicator | 1 | 0 | 0 |

| $s$ | a | b | c |
|---|---|---|---|
| indicator | 1 | 1 | 0 |

图 5.13 第一个字符组合的搜索过程

| $s$ | a | b | c |
|---|---|---|---|
| indicator | 1 | 0 | 0 |

| $s$ | a | b | c |
|---|---|---|---|
| indicator | 1 | 0 | 1 |

图 5.14 回溯至状态 1 的结构　　　　图 5.15 状态 1 下优先选择 c

（3）在状态 4 下选择最后一个字符'b'放入 $t[2]$，此时搜索已到达叶子结点，输出字符序列"acb"，然后置 indicator[1] = 0 回溯至状态 1；因为状态 1 下两个选择都已完成，所以继续回溯至状态 0，选择'b'继续进行搜索，直到所有的路径都搜索完毕。

完整代码如下。

```c
#include<stdio.h>
#include<stdlib.h>
#include<string.h>

void permutation(char s[],char t[],int indictor[],int idx){
    for(int i=0; i<strlen(s); i++){
        if(indictor[i]==0){
```

```
                t[idx]=s[i];
                if(idx==strlen(s)-1){          //一条路径搜索完毕,输出结果,返回上一级
                    t[idx+1]='\0';
                    printf("%s\n",t);
                    return;                    //回溯
                }
                indictor[i]=1;
                permutation(s,t,indictor,idx+1);
                indictor[i]=0;
            }
    }                                          //回溯
}

int main()
{
    char s[10];
    char t[10];
    int idc[10]={0};
    scanf("%s",s);
    permutation(s,t,idc,0);
    return 0;
}
```

## 5.4.2　存在障碍物的迷宫问题

存在障碍物的迷宫问题

例 5.6　给定一个 $n \times m$ 的迷宫,迷宫中有些格子存在障碍物(用"♯"表示),无法移动到这个格子里面,其余格子均为空(用"."表示)。求从起点 S 到终点 T 至少需要多少步。规定每次移动只能水平或垂直移动。

解题思路:用回溯法求解本问题需要搜索迷宫中所有路径,并选择最短的路径作为结果。根据移动规则,在每个点上存在如图 5.16 所示的方向选择。

在图 5.16 中,存在 A→B 的路径。在位置 B 处,只能有左、右、下 3 个方向可选,不能选择上的方向回到 A 处,这样可以避免路径中出现回路。为了对于所有情况都适用,定义一个 visited$[n][m]$ 的数组进行标识,一个位置 $(x,y)$ 走过后,将 visited$[x][y]=1$,防止再走回来形成回路。

图 5.16　迷宫行走规则

为了尽可能减少搜索空间,可按如下规则进行剪枝操作。

(1) 如果当前要走的点 $(x,y)$ 不在迷宫范围内,或者 visited$[x][y] = 1$,则剪枝该扩展结点。

(2) 假设当前已搜到的最短路径的步数为 best,T 的位置为 (ex,ey),当前走到的点 $(x,y)$ 的步数为 $s$,如果 $s+|ex-x|+|ey-y| \geqslant$ best,则剪枝。

为了搜索所有路径,可以按如下规则进行回溯操作。

(1) 当一个点的可走方向都不能通行时,回溯至上一个位置选择新的方向移动。

（2）当搜索到一条完整的路径后,回溯至上一个位置继续搜索其他可行路径。

规定方向搜索的顺序为上、右、下、左 4 个方向,以图 5.17 为例说明搜索过程。

| S | # | # | · |
|---|---|---|---|
| · | # | · | · |
| · | · | · | · |
| · | # | · | T |
| · | # | · | · |

图 5.17　存在障碍物的
迷宫问题示例

（1）从 S 出发,按顺序搜索不同的方向,可得图 5.18(a)中所示路径,其中 A、B 点是为了说明方便添加的,可以通过。其中,虚线箭头表示所到达的 A 点无法找到新的搜索方向进行了回溯,回到上一级位置找到向下的方向继续搜索。本条路径的步数是 8,记 best＝8。

（2）搜索到一条可行路径后需要从终点 T 回溯至上一级,搜索其他方向寻找更优路径。从本条路径回溯至上一级,由于上一级没有其他方向可以通过,继续回溯直到位置 B。在 B 的位置有向下的方向没有走过,因此,选择向下的方向进行搜索,得到如图 5.18(b)所示的路径,此路径长度为 6＜best,所以,best＝6。

（3）第二条路径搜索到后,回溯至上一级搜索其他路径,如图 5.18(c)所示。新选的方向可以到达 C 点。此时,从 S→C 的部分路径长度为 6,以及 C→T 的最短路径为 $|xc-ex|+|yc-ey|=2$,显然 $6+2>$ best,因此,该路径不可能搜索到更短的路径,放弃搜索,剪枝。

（4）回溯至合适位置继续搜索,直到没有新的路径出现,搜索结束。

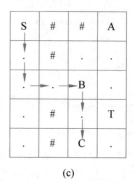

(a)　　　　　　　　　　(b)　　　　　　　　　　(c)

图 5.18　最短路径搜索过程

完整的程序如下。

```c
#include<stdio.h>
#include<math.h>
#include<stdlib.h>
int visited[105][105];              //1表示访问过,0表示没有访问过
char mp[105][105];                  //存储迷宫
int n,m;
int sx,sy,ex,ey;                    //起点和终点坐标
int best=0x3f3f3f3f;                //最短路径,初始为无穷大
int dx[]={0,0,1,-1};
int dy[]={1,-1,0,0};
```

```
void dfs(int x,int y,int s){
    if(x==ex&&y==ey){                            //到达终点
        if(s<best)best=s;
        return;                                  //退出当前路径搜索,回溯至上一级
    }
    if(s+abs(ex-x)+abs(ey-y)>=best) return; //剪枝
    for(int i=0;i<4;i++){
        int cx=x+dx[i];
        int cy=y+dy[i];
        if(cx<1||cx>n||cy<1||cy>m) continue;
        if(visited[cx][cy]||mp[cx][cy]=='#') continue;       //剪枝
        visited[cx][cy]=1;
        dfs(cx,cy,s+1);
        visited[cx][cy]=0;
    }                                            //退出当前一级搜索,回溯至上一级
}

int main()
{
    scanf("%d%d",&n,&m);
    for(int i=1;i<=n;i++) scanf("%s",mp[i]+1);
    scanf("%d%d%d%d",&sx,&sy,&ex,&ey);
    visited[sx][sy]=1;
    dfs(sx,sy,0);
        printf("%d\n",best);
        return 0;
}
```

### 5.4.3　最少考场数量

有 $n$ 个考生要参加考试,编号从 1 到 $n$,为了公平起见,要求任何两个认识的考生不能分到同一考场,求至少需要多少个考场才能满足要求。

本题与图的 $m$ 着色问题类似,但是该题要求的是至少需要多少种颜色才能让每个相邻点之间颜色不相同(最少需要多少个考场才能使任何两个认识的考生没有分到同一考场)。

以图 5.19 为例,考生 1 与考生 2、考生 3 认识,考生 2 与考生 1、考生 3、考生 4 认识,考生 3 与考生 1、考生 2、考生 4 认识,考生 4 与考生 2、考生 3 认识。

回溯法的求解思路如下。

(1)首先对考生 1 进行操作,因为至少需要一个考场,所以 num=1,此时与考生 1 认识的考生 2、考生 3 均未给定考场。

(2)接下来将考场 1 给予考生 2,发现存在考生 2 与它认识的考生 1 考场相同。所以考生 2 不能分配到考场 1,我们需要一个新的考场才能让考生 2 有考场并且满足条件。因此,

图 5.19　学生关系示意图

给考生 2 分配考场 2,num＋＋,此时其他认识的考生均与其不同考场。

（3）同上将考场 1 给予考生 3,发现考生 3 存在认识的考生 1 与其同考场,将考场 2 给予考生 3,同时发现存在认识的考生 2 与其同考场,所以加入一个新的考场 3 给予考生 3,num＋＋,此时其他认识考生均与其不同考场。

（4）此时发现对于考生 4 来说,使用考场 1 即可满足所有约束条件。

（5）完成所有考生的考场安排,输出结果"最少需要 3 个考场"。

解空间树搜索过程如图 5.20 所示。

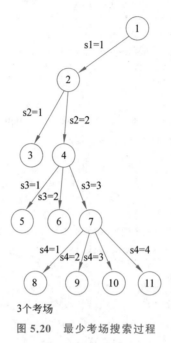

3 个考场

图 5.20　最少考场搜索过程

完整代码如下。

```c
#include<stdio.h>
#include<stdlib.h>
#include<math.h>

int n,m;
int mp[105][105];                  //mp[i][j]为 1 代表 i 与 j 认识,为 0 代表不认识
int kc[105];                       //kc[i]表示第 i 个学生的考场
int num0;                          //最少考场数量

bool judge(int x,int y)            //x 考生的编号,y 考场
{
    for(int i=1;i<=n;i++){
        if(mp[x][i]&&kc[i]==y)return false;
    }
    return true;
```

```
    }
void dfs(int x,int num){                        //x 考生的编号
    if(x==n+1){
        if(num<num0) num0=num;
        return;                                 //回溯寻找更优的结果
    }
    if(num>=num0) return;
    for(int i=1;i<=num;i++){
        if(judge(x,i)){                         //i 个考场、x 个学生可以满足约束,进入下一级搜索
            kc[x]=i;
            dfs(x+1,num);
            kc[x]=0;
        }
    }
    kc[x]=num+1;                                //i 个考场不能容下 x 个学生,增加考场
    dfs(x+1,num+1);
    kc[x]=0;
}

int main(){
    scanf("%d%d",&n,&m);
    num0=n;
    while(m--){
        int a,b;scanf("%d%d",&a,&b);            //读入学生之间的关系
        mp[a][b]=1;
        mp[b][a]=1;
    }
    kc[1]=1;
    dfs(2,1);
    printf("%d\n",num0);
    return 0;
}
```

## ◆ 习　　题

### 1. 最远距离

有一个 $n$ 个点、$m$ 条边的图,每条边都有自己的长度。每个点之间不一定相连。问在不重复经过同一点的情况下,从任意点开始能够走的最远的距离是多少?

输入描述:第一行输入两个整型数 $n$、$m$。

之后 $m$ 行输入 $a$、$b$、$c$,表示 $a$ 点到 $b$ 点的边长度为 $c$。

输出描述:输出一个整型数,表示能够走的最远距离。

样例输入:

```
4 6
1 2 10
2 3 20
3 4 30
4 1 40
1 3 50
2 4 60
```

样例输出:

```
150
```

### 2. 陆地数量

在一个由 0~9 这 10 个数字组成的矩阵中,规定 0 为海洋,1~9 为陆地。我们规定一个数组属于 1~9 并且它的上、下、左、右 4 个方向的数字均为陆地,那么它们都为同一陆地。该矩阵中有多少个相互独立的陆地?

输入描述:第一行输入两个整数 $n$、$m$,分别表示矩阵的行数和列数。

之后 $n$ 行输入 $m$ 个字符表示整个矩阵图。

输出描述:输出一个整型数表示陆地个数。

样例输入:

```
4 10
0234500067
1034560500
2045600671
0000000089
```

样例输出:

```
4
```

### 3. 不相邻数字最大和

有一个 $n \times m$ 的数字矩阵,规定矩阵里数字均为非负整数。我们规定两个数字相邻,就是一个数在另一个数的相邻 8 个格子里。现在要从矩阵里面拿数,所有拿出来的数两两都不相邻。取出的数的和最大是多少?

输入描述:第一行输入一个整数 $t$,表示有 $t$ 组数据。

对于每组数据,第一行输入两个整数 $n$、$m$,分别表示矩阵的行数和列数。

之后 $n$ 行每行输入 $m$ 个整数,表示了这个数字矩阵。

输出描述:$T$ 行,每行输出一个非负整数,表示求得的最大和。

样例输入:

```
3
4 4
67 75 63 10
29 29 92 14
21 68 71 56
8 67 91 25
2 3
87 70 85
10 3 17
3 3
1 1 1
1 99 1
1 1 1
```

样例输出：

```
271
172
99
```

### 4. 最少移动次数

有一个长度为 $n$ 的数轴，每个点有一个数字 $k_i$，表示该点可以向左或向右移动 $k_i$ 个位置。规定移动后的点不能大于 $n$ 也不能小于 1。现给定点 A、B，从 A 点到 B 点至少要移动多少次？

输入描述：第一行输入 3 个整数，$n$、$a$、$b$ 分别表示数轴长度、A 点位置、B 点位置。

第二行输入 $n$ 个非负整数，表示 $k_i$。

输出描述：如果能够到达，输出次数，否则输出 -1。

样例输入：

```
5 1 5
3 3 1 2 5
```

样例输出：

```
3
```

### 5. 经过最多的格子数量

有一个由大写字母构成的 $n×m$ 的矩阵。从左上角出发，走过的字母不能再走，最多能经过几个格子（包括最开始在的格子）？

输入描述：第一行输入两个整数 $n$、$m$，表示矩形的行数和列数。

之后 $n$ 行每行输入 $m$ 个大写字母，表示整个矩阵。

输出描述：输出一个数字，表示答案。

样例输入：

```
3 6
HFDFFB
AJHGDH
DGAGEH
```

样例输出：

```
6
```

### 6. 能够到达的砖块

在一个 $n \times m$ 的矩阵中有许多砖块,这些砖块有黑色和白色构成。我们最开始位于一个黑色砖块上。规定只能从黑色砖块走到黑色砖块,能够到达的砖块有多少?

输入描述：存在多组输入。

第一行输入两个整数 $m$、$n$,表示矩阵的列数和行数。

之后 $n$ 行,每行输入 $m$ 个字符,表示整个矩阵。

"."表示黑色砖块,♯表示白色砖块,@表示最初在的黑色砖块。

输出描述：输出一个整数表示能够到达的砖块总数。

### 7. 棋盘放置方案

在一个形状已经给定的棋盘上摆放棋子(形状可能是不规则的),要求任意两棋子不能被放置在棋盘中的同一行或者同一列。现给出棋子个数,有多少种满足条件的放置方案?

输入描述：存在多组输入。

每组数据的第一行输入两个整数 $n$、$m$,表示棋盘的行数和列数。

后面 $n$ 行每行输入 $m$ 个字符,表示整个棋盘。

♯表示棋盘区域,"."表示空白区域。

输出描述：对于每组数据,输出一个整数表示可行的摆放方案。

样例输入：

```
2 1
#.
.#
4 4
...#
..#.
.#..
#...
-1 -1
```

样例输出：

```
2
1
```

### 8. 拿石子

有两个石子堆,每个石子堆都有若干石子。Alice 和 Bob 轮流从石子堆中拿走石子。规定每次只能从多的石子堆拿石子,并且每次只能拿少的那堆石子数目的整数倍,最后谁能够把一堆石子取空就视为胜利。每局游戏都是 Alice 先,请写程序判断哪些情况 Alice 能赢下游戏。

输入描述:包含多组数据。

每组数据一行,输入两个整数 $a$、$b$,分别表示两个石子堆的石子个数。

输出描述:如果 Alice 胜利,输出 win,否则输出 loss。

样例输入:

```
34 12
15 24
0 0
```

样例输出:

```
win
lose
```

提示:当石子数分别为 $a$、$b$,并且 $a \geqslant b$,如果 $2b \leqslant a$ 那么先手必胜,否则先手只有一种取法。

### 9. 洪水与围墙

一场洪水把某市淹没了。万幸的是政府人员在一些重要的地方建起了一些围墙。围墙内的区域并没有被淹没。如果告诉你围墙建设图,你能告诉我有多少个地方没被淹没吗?

输入描述:第一行输入两个整数 $n$、$m$,表示矩阵的行数和列数。

之后 $n$ 行每行输入 $m$ 个字符表示整个矩阵。

0 表示城市区域,∗ 表示围墙。

输出描述:输出一个整数表示答案。

样例输入:

```
4 5
00000
00 * 00
0 * 0 * 0
00 * 00
```

样例输出:

1

### 10. 取数

给定一个序列 $s$ 包含 $1 \sim n$ 这 $n$ 个自然数。现在要求从中选取 $r$ 个数,有多少种互不相同的选取方法?

输入描述:输入两个整数 $n$、$r$,表示序列长度和选取数字个数。

输出描述:按字典顺序输出所有组合。

样例输入:

5 3

样例输出:

```
1  2  3
1  2  4
1  2  5
1  3  4
1  3  5
1  4  5
2  3  4
2  3  5
2  4  5
3  4  5
```

# 第6章

# 贪 心 法

## ◆ 6.1 概 述

贪心算法(Greedy Algorithm)是指在对问题求解时,总是做出在当前看来最好的选择,并没有从整体最优上加以考虑,仅得到在某种意义上的局部最优解。

贪心算法没有固定的算法框架,应用贪心算法的关键是贪心策略的选择。必须注意的是,贪心算法不是对所有问题都能得到整体最优解,选择的贪心策略必须具备无后效性,即某个状态以后的过程不会影响以前的状态,只与当前状态有关。

## ◆ 6.2 贪心算法步骤及适用的问题

### 6.2.1 贪心算法步骤

设计贪心算法求解问题的一般步骤如下。

(1) 确定贪心策略,建立数学模型来描述问题。

(2) 把求解的问题分成若干子问题。

(3) 对每个子问题求解,得到子问题的局部最优解。

(4) 把子问题的局部最优解合并为原来问题的一个解。

贪心算法是一种对某些求最优解问题的更简单、更迅速的设计技术。用贪心算法设计算法的特点是自顶向下一步一步地进行,根据某个优化测度(如目标函数),在每一步上获得局部最优解。贪心算法只追求局部最优解,而不考虑整体情况求解全局最优解,因此贪心算法不需要回溯,具有计算速度快的特点,对于求解NP问题的可行解具有明显的优势。这些可行解可以用于指导最优解的搜索,如分支限界法利用贪心算法求出问题的上界或下界,用于指导后续的搜索。

### 6.2.2 适用贪心算法求解问题的特点

#### 1. 贪心选择性质

一个问题的整体最优解可通过一系列局部最优解的选择达到,每次的选择依赖以前做出的选择,但不依赖于后面要做出的选择。对于一个具体问题,要确定它是否具有贪心选择性质,必须证明每一步所做的贪心选择最终导致问题的整体最优解。

**2. 最优子结构性质**

当一个问题的最优解包含其子问题的最优解时,称此问题具有最优子结构性质。问题的最优子结构性质是该问题可用贪心算法求解的关键所在。在实际应用中,至于什么问题具有什么样的贪心选择性质是不确定的,需要具体问题具体分析。

贪心算法不从整体最优上加以考虑,所做出的仅是在某种意义上的局部最优选择。使用贪心策略要注意局部最优与全局最优的关系,选择当前的局部最优并不一定能推导出问题的全局最优。贪心策略解题需要解决以下两个问题。

(1) 该问题是否适合使用贪心策略求解,也就是该问题是否具有贪心选择性质。

(2) 制定贪心策略,以达到问题的最优解或较优解。

# ◆ 6.3 贪心算法示例与过程分析

## 6.3.1 部分背包问题

如果将 0-1 背包问题中的物品想象为一个金子,则每个物品只能全部带走或者不带走,而部分背包问题中的物品则是一堆金粉末,可以全部拿走,也可以只拿走一部分。

**例 6.1** 现有 5 种饮品,其价值与体积如表 6.1 所示,有一个 800ml 的水杯,可任选不超过饮品体积上限的饮品进行混合调制,如何调制价值最高的饮品?

表 6.1 部分背包问题饮品价值与体积表

| 饮 品 | 价值($v$) | 体积($p$) | 单位体积价值($v/p$) |
|---|---|---|---|
| 柠檬汁 | 60 | 600 | 0.10 |
| 葡萄汁 | 10 | 250 | 0.04 |
| 橙汁 | 36 | 200 | 0.18 |
| 苹果汁 | 16 | 100 | 0.16 |
| 西瓜汁 | 45 | 300 | 0.15 |

解题思路:部分背包问题可以形式化定义如下。

有 $n$ 种饮品,每种饮品对应的价值与体积分别为 $v_i$ 与 $p_i$,水杯容量为 $C$。求解一个解决方案 $S = \{x_i \mid 1 \leqslant i \leqslant n, 0 \leqslant x_i \leqslant 1\}$,使得

$$\max \sum_{x_i \in S} x_i v_i$$

$$\text{s.t.} \sum_{x_i \in S} x_i p_i \leqslant C$$

其中,$x_i$ 表示选择饮品的比例,如果 $x_i$ 只可取值 0 或 1 时,该问题即变成了 0-1 背包问题。

部分背包问题是一个典型的贪心问题,其贪心策略是优先选择单位体积价值(价值/体积)最高的饮品。

假设每种水果汁足以充满杯子,则相应的水果汁价值(单位体积价值×杯子容积)如图 6.1 所示。

图 6.1　用 5 种水果汁充满杯子的价值

从图 6.1 可知,当杯子充满橙汁时,果汁价值最大,为 144。显然,应该优先装单位体积价值最大的果汁。由于橙汁实际的体积只有 200ml,当所有橙子全部倒入杯中后仍然剩余 600ml,用剩余 4 种果汁充满杯子,得到的价值如图 6.2 所示。

图 6.2　橙汁与其他果汁组合的价值

从图 6.2 可知,在倒入橙汁后(单位体积价值最大),剩余部分用其他 4 种果汁充满的价值。显然,用苹果汁充满杯子的价值最大,为 96＋36＝132,这是因为苹果汁的单位价值是剩余果汁中最大的(单位体积价值次大),再次证明了应该优先选择单位价值最大的物品这一贪心策略。

本问题的求解过程如下。

(1) 往水杯内倒入性价比最高的橙汁,体积为 200ml,价值为 36。

(2) 再往水杯内倒入性价比次高的苹果汁,此时总体积为 300ml,价值为 52。

(3) 再往水杯内倒入西瓜汁,此时总体积为 600ml,价值为 97。

(4) 再往水杯内倒入柠檬汁直至水杯装满,此时总体积为 800ml,价值为 117。

部分背包问题贪心算法描述如下。

```
//输入: 饮品数量 n,各饮品的价值 p,各饮品的体积 v,水杯容量 C
//输出: 水杯中饮品的最大价值,最优解方案
1.计算各饮品的性价比,并进行降序排序;
//ratio[i]、p[i]、v[i]分别表示性价比第 i 大的饮品的性价比、价值与体积
2. i=1; totalvalue=0;
//根据贪心策略进行求解
3. while C>0 and i≤n do      //当水杯未满且存在剩余饮品
      if v[i]≤C then          //饮品体积小于水杯剩余容量则全部倒入
```

```
        totalvalue = totalvalue+p[i];
        C = C -v[i];
        i++;
    else //饮品体积大于水杯剩余容量则部分倒入
        totalvalue = totalvalue+p[i] * C/v[i];
        C=0;
    end if
  end while
  return totalvalue;
```

下面总结一下贪心算法的使用前提。

(1) 原问题复杂度过高。

(2) 求全局最优解的数学模型难以建立。

(3) 求全局最优解的计算量过大。

(4) 没有太大必要一定要求出全局最优解,"比较优"就可以。

对于第三个问题,原问题的分解方式大体可以分为 3 种。

(1) 按串行任务分解:时间串行的任务,按子任务来分解,即每一步都是在前一步的基础上再选择当前的最优解,如刚才举例的部分背包问题。

(2) 按并行任务分解:这种问题的任务不分先后,可能是并行的,可以分别求解后,再按一定的规则(比如某种配比公式)将其组合后得到最终解。

(3) 按规模递减分解:规模较大的复杂问题,可以借助递归思想,分解成小规模问题,循环解决,当最后一步的求解完成后就得到了所谓的"全局较优解"。

### 6.3.2 最优装载问题

例 6.2 有 $n$ 个集装箱要装上一艘载质量为 $C$ 的轮船。其中,集装箱 $i$ 的质量为 $W_i$。最优装载问题要求确定在装载体积不受限制的情况下,将尽可能多的集装箱装上轮船。

下面以 $C=30$,集装箱重量数组 $W[i]=\{2,5,3,4,7,11,15,10\}$ 为例说明贪心算法的设计。

解题思路:为了尽可能多地将集装箱装上轮船,可按如下策略装载。

贪心策略:优先选择重量小的集装箱装入轮船。

所以,首先按照质量由小到大的顺序对集装箱进行排序,可得出如表 6.2 所示的物品清单。

表 6.2　按照质量由小到大排序后的物品清单

| 质量 $W[i]$ | 2 | 3 | 4 | 5 | 7 | 10 | 11 | 15 |
| --- | --- | --- | --- | --- | --- | --- | --- | --- |

于是根据前面提到的贪心法设计思想的 3 个步骤进行求解。

最优装载问题贪心法设计思想如下。

步骤 1:确定贪心策略,即每次都选择最轻的集装箱装入轮船。

步骤 2:在 $n$ 个集装箱中每次都选择最轻的集装箱装入轮船,然后再从剩下的 $n-1$ 个集装箱中选择最轻的集装箱装入轮船。子问题分解如下。

（1）选择排序后的第 1 个，目前已装载的集装箱总质量 $t=2$，小于 $C$，已装载的集装箱个数 $S=1$。

（2）选择排序后的第 2 个，目前已装载的集装箱总质量 $t=2+3=5$，小于 $C$，已装载的集装箱个数 $S=2$。

（3）选择排序后的第 3 个，目前已装载的集装箱总质量 $t=5+4=9$，小于 $C$，已装载的集装箱个数 $S=3$。

（4）选择排序后的第 4 个，目前已装载的集装箱总质量 $t=9+5=14$，小于 $C$，已装载的集装箱个数 $S=4$。

（5）选择排序后的第 5 个，目前已装载的集装箱总质量 $t=14+7=21$，小于 $C$，已装载的集装箱个数 $S=5$。

（6）选择排序后的第 6 个，目前已装载的集装箱总质量 $t=21+10=31$，大于 $C$，算法结束，已装载的集装箱个数 $S=5$。

步骤 3：选择的集装箱质量分别为 2、3、4、5、7，最终集装箱个数为 5 个。

最优装载问题的贪心算法可表示如下。

```
//输入:轮船负载质量 C,集装箱数 n,每个集装箱的质量 wi
//输出:可承载的最大集装箱数 M
1.将所有集装箱按质量进行升序排序;
2.M=0;w=0;i=1;     //M为可承载的最大集装箱数,w为轮船承载的总质量
3.while(w+wi≤C and i≤n) do
    w=w+wi
    i++;
    M++;
4.输出 M;
```

### 6.3.3　区间调度问题

学校组织 $n$ 个活动，编号从 1 到 $n$，第 $i$ 个活动的开始时间为 $s_i$，结束时间为 $t_i$，每名同学在同一时刻只能参加一个活动，请计算每人最多可以完整地参与活动的数量。

解题思路：为了便于理解，以 $n=5$；$s[1]=1,t[1]=3$；$s[2]=3,t[2]=4$；$s[3]=6,t[3]=8$；$s[4]=2,t[4]=4$；$s[5]=5,t[5]=7$ 为例来说明求解过程。

贪心策略：把活动的结束时间 $t_i$ 按照从小到大排序，如图 6.3 所示。在当前可以参与的活动里选择结束时间最早的活动。

图 6.3　区间调度问题示例

根据前面提到的贪心算法设计 3 个步骤进行求解。

区间调度问题贪心算法设计思想如下。

步骤 1：确定贪心策略，在当前可以参加的活动里选择结束时间最早的活动。

步骤 2：每次都选择当前结束时间最早的活动。子问题分解如下。

（1）当前 5 个活动都可以参加，选择参加最早结束的活动 1，结束时间为 $t_1=3$，目前完整参与了 1 个活动。

（2）因为参与活动 1($s_1=1$，$t_1=3$)，活动 4($s_4=2$，$t_4=4$)与其时间冲突，故当前可以参加的活动为 2、3、5，选择参加最早结束的活动 2，结束时间为 $t_2=4$，目前完整地参与了 2 个活动。

（3）剩余的活动 3、5 均不与活动 2 时间冲突，故当前可以参与的活动为 3、5，选择参与最早结束的活动 5，结束时间为 $t_5=7$，目前完整参与了 3 个活动。

（4）因为参与活动 5($s_5=5$，$t_5=7$)，活动 3($s_3=6$，$t_3=8$)与其时间冲突，故当前没有活动可以参与，故最多可以完整地参与 3 个活动。

步骤 3：最多可以完整参与 3 个活动，分别为活动 1、2、5。

区间调度代码如下。

```
//输入：活动数量 n，第 i 个活动的开始时间 s[i]，结束时间 t[i]；
//输出：最多能完整参与的活动数量 num；
1. 将活动按照结束时间 t[i]从小到大排序；
2. num ← 0；
3. time ← 0；              //当前活动的开始时间不得早于 time
4. for i ← 1 to n
     if s[i]>=time then
         num++;
         time ← t[i];
     end if
   end for
5. 输出 num；
```

### 6.3.4 旅行商问题

旅行商问题

**例 6.3** 现有 5 个城市，分别对应图中的 5 个顶点，每两个城市之间的距离对应图中边的权值，如图 6.4 所示。问从 1 号城市出发，如何事先确定一条最短的线路以保证其旅行的路程最短。

该问题是典型的 NP 难问题，精确的求解需要遍历整个解空间，时间复杂度是 $O(n!)$。对于此类规模较大的问题，实际上无法进行精确求解。因此，大量的研究着眼于在可接受时间内获得相对优化的次优解。而使用贪心算法求解旅行商问题快速求得可接受的可行解是非常有意义的，其结果可以为其他算法提供一定的指导，设计出具有实际意义的启发式算法。

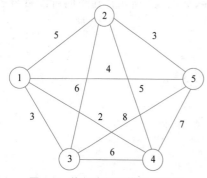

图 6.4 旅行商问题描述示意图

利用贪心三部曲进行旅行商问题求解的主要过

程如下。

步骤 1：确定贪心策略。从当前顶点 $k$ 出发，选择距离城市 $k$ 最近的未走过的城市为接下来要通过的城市。

步骤 2：从 1 号城市出发，依次选择距离最短的城市路径，直至遍历所有城市，最后回到出发点。子问题分解如下。

（1）不难看出 4 号城市距离 1 号城市最近，因此首先选择途经 4 号城市，距离为 2，此时路径为 1→4，如图 6.5 所示。

（2）除去 1 号城市，4 号城市与 2 号城市距离最近，因此下一个目标选择 2 号城市，总距离为 7，此时路径为 1→4→2，如图 6.6 所示。

图 6.5　确定第一步行走方向　　　　　图 6.6　确定第二步行走方向

（3）在剩余的城市中，5 号城市与 2 号城市距离最近，因此，下一个目标选择 5 号城市，总距离为 10，此时路径为 1→4→2→5，如图 6.7 所示。

（4）当前仅剩余 3 号城市未途经，因此，下一个目标选择 3 号城市，总距离为 18，此时路径为 1→4→2→5→3，如图 6.8 所示。

图 6.7　确定第三步行走方向　　　　　图 6.8　确定第四步行走方向

（5）回到原出发点，总距离为 21，此时路径为 1→4→2→5→3→1，如图 6.9 所示。

步骤 3：输出方案的路径为 1→4→2→5→3→1，最终行程总距离为 21。

利用贪心算法在求解旅行商问题的过程中每次决策时只关注距离当前城市最近的城市，并没有从全局优化的角度进行决策，因此，所得到的解往往不是最优解。但使用贪心算法得到的是一个合法的可行解，该解的求得所需时间代价极低，该优势可以被其他启发式算

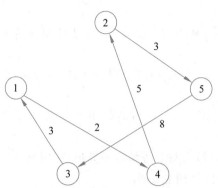

图 6.9　从最后城市走到出发城市

法利用,在搜索的过程中利用快速的贪心算法探索最优解的搜索方向,从而搜索到更优的可行解。

旅行商问题的贪心算法可表示如下。

```
//输入: 无向带权图 G=(V, E),出发顶点 w
//输出: 回路长度 TSPLength
1. 初始化: 已经过的边集合 P={ }; TSPLength=0;
2. u = w; V = V -{w};
3. while(|P| <n-1)   do
      查找与顶点 u 邻接的最小代价边(u, v)并且 v 属于集合 V
      P=P +{(u, v)}; V=V -{v}; TSPLength=TSPLength+c_uv
      输出经过的路径 u→v,u=v
      end
4. 输出 TSPLength+c_uw;
```

# ◇ 6.4　能力拓展

## 6.4.1　最小正整数

给定一个正整数 $s(1 \leqslant s \leqslant 45)$,求最小的正整数 $x$,满足以下两个条件: $x$ 各数位的数字互不相同,且各位数字之和等于 $s$。

解题思路:根据问题可知存在如下贪心策略,以 $s=20$ 为例进行说明。

(1) 最小正整数 $x$ 必然是一个位数最少的整数。

当 $s=20$ 时,存在 $x=26345$、$x=3476$、$x=983$ 等多种情况满足 $x$ 的每位数字之和与 $s$ 相等。显然,$x$ 的位数越少则 $x$ 越小。

(2) 由于所求的正整数 $x$ 的每一位都不同,则最大的数字必然位于 $x$ 的个位,而且从个位到最高位的数字逐步递减。

对于 $s=20$,组成最小 $x$ 的不同的数字为 3、8、9,可以组成 983、938、893、839、398、389 这 6 个可行解,其中最小的整数为 389,其特点是最大的数字位于个位,每位数的数字从个位向最高位逐步递减,最终最高位的数字是最小的。

因此,在生成 $x$ 的过程中,需要从 9 开始进行枚举,形成 $x$ 的个位,然后十位数字确定为 8,以此类推,直到生成最高位。

代码如下。

```cpp
#include<iostream>
using namespace std;
int main()
{
    int s;
    cin>>s;
    int x=0;
      int res=1;
    //从大到小枚举数位具体的值
    int cur=9;
    while(s>cur)
    {
        //大的数字放低位,小的数字放高位
        x=x +res * cur;
        s=s -cur;
        res=res * 10;
        cur--;
    }
    x=x +s * res;
    cout <<x <<"\n";
    return 0;
}
```

## 6.4.2　数字游戏

数字游戏

给定一个长度为 $n$ 的整型数组 $a$,游戏规则是每次取不同的两个元素 $a[i]$,$a[j]$($i \neq j$)执行 $a[i]=a[i]-m$,$a[j]=a[j]-m$,$m$ 为任意正整数,且 $m \leqslant \min(a[i], a[j])$。请判断在经过有限次操作后该数组所有元素是否都能够变为 0。

解题思路:问题的目标是寻找一个可行的操作次序,使得数组元素都变为 0。是否存在一个可行操作序列,取决于数组本身的特点,考虑如下情况。

(1) 假设数组中最大的元素是 $a[k]$,值为 max,数组的所有元素之和为 sum,如图 6.10 所示。

图 6.10　问题无解的情况

从图 6.10 可知,即使每次取 $a[k]$,$a[j]$($j \neq k$),并且执行 $a[j]=a[j]-a[j]$,$a[k]=a[k]-a[j]$,当 $a[k]$ 以外所有元素都变为 0 时,$a[k]$ 仍然不为 0。因此,当数组中存在一

个数比其他所有数之和还要大时,此问题目标不能达成。此时,存在如下关系:

$$\max > sum - \max$$
$$\Rightarrow 2 * \max > sum$$

(2) 当上述情况不存在时,即 $2 * \max \leqslant sum$,可得如图 6.11 所示情况。

图 6.11　$2 * \max \leqslant sum$ 的情况

贪心策略:如果每次选择 $a[i]$,$a[j]$($i,j \neq k$)减去相同的整数,使得 $a[k] = \sum\limits_{j \neq k} a[j]$,即消除虚线右侧多余的部分。此时,两行的数值相同,可以每次取 $a[k]$,$a[j]$($j \neq k$)同时减去 $a[j]$,可以使得所有的元素都变为 0。

要消除虚线右侧的部分,可以每次从第二行选择 $a[i]$,$a[j]$($i,j \neq k$),同时减去最小整数 1,如果经过 $t$ 次操作,使得下式成立:

$$sum - \max = \max$$
$$\Rightarrow sum = 2(\max + t)$$

由此可知,数组中所有元素之和为偶数。满足以上两个条件,说明存在一个操作序列使得数组中所有元素变为 0。

代码如下。

```cpp
#include<bits/stdc++.h>
using namespace std;
const int maxn=2e5+5;
int n, a[maxn];
int main() {
    int max_val=0;
    long long sum=0;
    cin>>n;                                        //读入元素个数
    for(int i=1;i<=n;i++){                          //读入 n 个元素并累加至 sum
        cin>>a[i];
        sum+=a[i];
        max_val=max(max_val,a[i]);                  //记录最大元素至 max_val
    }
    if(sum%2==0&&2*max_val<=sum){                   //判断两个条件是否成立
        cout<<"YES"<<endl;
    }else{
        cout<<"NO"<<endl;
    }
    return 0;
}
```

### 6.4.3　关闭闹钟

小明有 $n$ 个闹钟,第 $i$ 个闹钟将会在 $a_i$ 时刻响起,如果在 $m$ 个连续时间内至少有 $k$ 个闹钟响起,小明就会被吵醒。明天是周末,小明想睡个好觉,他至少关掉多少个闹钟才能保证自己不被吵醒。

解题思路:首先将 $n$ 个闹钟按照响起的时间升序排序,然后从有序数组的第一个闹钟 $a[1]$ 开始逐一枚举,根据如下贪心策略进行闹钟关闭。

贪心策略:对于有 $k$ 个闹钟的序列 $i-k+1,i-k+2,\cdots,i$,如果 $a[i]-a[i-k+1]\leqslant m$,则关闭最后一个闹钟 $i$。

根据以上贪心策略可以保证关闭闹钟数量最少,证明如下。

证明:假设排序后的 $n$ 个闹钟在任意 $m$ 个连续时间内都恰好有 $k$ 个闹钟响起。以闹钟 $1\sim k$ 为例进行分析。

(1) 关掉 $1\sim k-1$ 中的任意一个闹钟,则闹钟区间 $2\sim k+1,3\sim k+2,\cdots,k\sim 2k-1$ 中至少有一个区间不包括该关闭的闹钟,如图 6.11 所示,使得这些区间中至少一个区间需要再关闭一个闹钟,如图 6.12 所示。

图 6.12　关闭 $1\sim k-1$ 中任一闹钟

(2) 关闭第 $k$ 个闹钟,如图 6.13 所示,闹钟区间 $2\sim k+1,3\sim k+2,\cdots,k\sim 2k-1$ 均与虚线框相交,说明关闭第 $k$ 个闹钟使得这些区间均满足在 $m$ 个连续时间内响起的闹钟数量小于 $k$ 个。

显然,按照(2)的策略关闭闹钟数量比按照(1)的策略关闭闹钟数量更少。

代码如下。

```cpp
#include<iostream>
#include<algorithm>
using namespace std;

int n,m,k;

//数组 b 存储不被关掉的闹钟
int a[200010],b[200010];
```

图 6.13 关闭第 *k* 个闹钟

```
int main(){
    cin>>n>>m>>k;
    for(int i=1;i<=n;i++) cin>>a[i];
    sort(a+1,a+1+n);
    int ans=0;
    for(int i=1,j=1;i<=n;i++){
        b[j]=a[i];
        //如果 k 个闹钟响起时间间隔超过 m 就不用关,否则关最晚的
        if(i<k||b[j]-b[j-k+1]>m) j++;
        else ans++;
    }
    cout<<ans;
    return 0;
}
```

### 6.4.4 过河

过河

　　N 个人过河,只有一条船,每次过河最多只能坐两个人,每个人划船过河所需的时间不同,两个人过河所需的时间与两人之中过河最慢的人所需时间相同,求 N 个人最快的过河时间是多少。

　　解题思路:对于 N>2 的情况,因为每次过河只能载两个人,所以船需要在河中来回穿梭来渡 N 个人。如有 4 个人,分为两组过河,假设他们的过河时间分别为 10、50、11、70,不考虑船回来所需时间,则存在如下情况。

　　情况 1:按照原始顺序分组过河,则过河的时间为 $\max(10,50)+\max(11,70)=120$。

　　情况 2:改变分组,将过河时间为 10、11 的分为一组,50、70 的分为一组,则过河时间为 $\max(11,11)+\max(50,70)=81$。

　　由此可知,过河的时间开销与人员分组顺序存在关系。情况 1 的时间开销较多,主要原因是同船的两个人过河时间相差悬殊,浪费了过河速度较快的一方的优势。如果过河的两人速度比较接近,如情况 2 所示,则会减少过河所需时间,由此得到如下贪心策略 1。

贪心策略 1：对 $N$ 个人按照过河时间从小到大进行排序,保证分组过河的两个人过河所需时间相差最小,减少过河时间开销。

当 $N$ 个人按过河时间升序排序后,考虑完整的过河过程,需要确定船的来回穿梭规则,即两个人将船驾到对岸后,需要根据优化策略将船驶回以接送剩下人员。当船驾到对岸后,需要用最快的速度将船驶回,而驾船速度最快的是有序序列中的第一个人。考虑如下规则。

规则 1：利用过河最快的人(有序序列中的第一个元素,人员 1)分别带当前分组中的两个人人员 $i$ 和人员 $i+1$ 过河,则需要 4 步完成,如图 6.14 所示。①人员 1 带人员 $i$ 过河,所需时间是 $a[i]$；②人员 1 返回,所需时间是 $a[1]$；③人员 1 带人员 $i+1$ 过河,所需时间是 $a[i+1]$；④人员 1 返回,所需时间是 $a[1]$。整个过程所需时间是 $2a[1]+a[i]+a[i+1]$。

图 6.14　规则 1 情形

规则 1 中充分利用人员 1 过河最快的优势快速将船驶回,最大的问题是人员 $i$ 和人员 $i+1$ 串行过河,当两者的时间远大于 $a[1]$ 时可能会造成过河时间较长。如 $a[1]=1$, $a[i]=50,a[i+1]=60$ 时,过河时间为 112,显然,对于这种情况,应该将 $i$、$i+1$ 同时过河才能减少时间开销,由此得到如下规则。

规则 2：利用过河速度最快的两个人完成过河,需要 4 步完成,如图 6.15 所示。①人员 1 和人员 2 一起过河,将人员 2 留在河对岸,所需时间为 $a[2]$；②人员 1 驾船驶回,所需时间为 $a[1]$；③人员 $i$、人员 $i+1$ 驾船到达对岸,所需时间为 $a[i+1]$；④人员 2 驾船驶回,所需时间为 $a[2]$。整个过程所需时间为 $a[1]+2a[2]+a[i+1]$。对于 $a[1]=1,a[2]=5,a[i]=50,a[i+1]=60$ 的情况,过河时间为 71,显然小于规则 1 所需时间。

规则 2 避免了较慢的人员 $i$、人员 $i+1$ 串行过河,对于 $a[i]$、$a[i+1]$ 过大的情况下有优化作用。所以,如何选择规则 1 和规则 2 过河需要根据 $a[i]$、$a[i+1]$ 的情况来确定,由此得到贪心策略 2。

贪心策略 2：$a[i]$、$a[i+1]$ 过河过程中,假设规则 1 需要的过河时间为 $h_1$、规则 2 需要的过河时间为 $h_2$,则选择 $h=\min(h_1,h_2)$ 的规则过河。

利用贪心策略 1 和贪心策略 2 可以开展人员渡河,如果 $N$ 是偶数,则可以完整分为若干组进行渡河；但如果 $N$ 不是偶数,则最终会落单 1 人。对于这最后 1 个人,如果其过河时间过长,则会影响最终全部人员过河时间,此时,可以按照如下贪心策略组织过河。

贪心策略 3：优先为过河时间长的人员两两分组,并优先将过河时间长的人员分组渡过河。

图 6.15 规则 2 情形

从贪心策略 3 可知,优先分组过河时间长的人,尽量让过河时间长的人员两两过河,最终可能落单的人就是有序序列的 3 号人员,其过河速度要快于第 $N$ 个人,有利于减少全部人员过河的时间。

代码如下。

```
#include<iostream>
#include<algorithm>
using namespace std;
const int maxn=10005;
int a[maxn];
int main()
{
    int m, sum=0;
    scanf("%d",&m);
    for(int i=1;i<=m;i++)
        scanf("%d",&a[i]);
    sort(a+1,a+m+1);                    //贪心策略 1
    for(int i=m;i>=1;i-=2){             //从后往前组织人员过河,贪心策略 3
      if(i==3){
          sum+=a[1]+a[2]+a[3];
            break;
        }
        if(i==2){
            sum+=a[2];
            break;
        } if(i==1){
            sum+=a[1];
```

```
            break;
        }
        else sum+=min(a[1]+2*a[2]+a[i],2*a[1]+a[i]+a[i-1]);     //贪心策略 2
    }
    printf("%d\n",sum);
  }
}
```

## ◆ 习 题

### 1. 最小合法数

一个很大的数字 $x$ 有 $n$ 位,可以改变任意位置数字 $k$ 次,求所能得到的最小合法数。
样例输入:

```
5 3(数字长度 n、可以改变的次数 k)
51528(初始数字)
```

样例输出:

```
10028
```

样例解释:数字长度大于 1,那么把最高位改为 1,其余位数从高到低依次改为 0。

### 2. 排列方法

给你一个长度为 $2n$ 的数组,是否存在一种排列方法使得数组前 $n$ 项和不等于后 $n$ 项和,如果存在请输出随便一种排列方法,不存在输出"−1"。
样例输入:

```
3(长度 n)
1 2 2 1 3 1(第 i 个数的值)
```

样例输出:

```
1 1 1 2 2 3
```

样例解释:从小到大排序输出即可。

### 3. 买玩具

商店卖 $n$ 种玩具,有库存 $i$ 类型玩具。你拥有无限量的现金(因此你不受任何价格的限制)并且想购买尽可能多的玩具。但是,如果你购买 $i$ 类型的 $x_i$ 玩具(显然,$0 \leqslant x_i \leqslant a_i$),那么对于所有 $1 \leqslant j < i$,至少必须满足以下一项。

(1) $x_j = 0$(你购买了 0 个 $j$ 类玩具)。

(2) $x_j < x_i$(你买的 $j$ 类玩具比 $i$ 类玩具少)。

计算你可以购买的最大玩具数量。

输入样例:

```
5(玩具数)
1 2 1 3 6(第 i 种类型玩具的数量)
```

输入输出:

```
10
```

样例解释:从后往前处理得到的玩具数是 6(6)、3(3)、1(1)、0(2)、0(1),最后获得的总数为 6+3+1+0+0=10。

### 4. 排列矩形

一排有 $n$ 个矩形,你可以将每个矩形旋转 90°,也可以保持原样。如果你转动一个矩形,它的宽度与高度互换。请注意,你可以转动任意数量的矩形,也可以转动所有矩形或不转动所有矩形,但不能更改矩形的顺序。找出是否有办法使矩形按非升序高度排列。换句话说,在所有的转弯之后,每个矩形的高度必须不大于前一个矩形的高度。

样例输入:

```
3(矩形个数)
3 4(第 i 个矩形的宽与高)
4 6
3 5
```

样例输出:

```
YES
```

样例解释:选取 4、4、3 进行排列即可。

### 5. 正确执行命令数量

有一个位于无限网格上的机器人。最初,机器人站在起始单元(0,0)中。机器人可以处理命令。它可以执行 4 种类型的命令。

(1) $U$——从$(x,y)$移动到$(x,y+1)$。

(2) $D$——从$(x,y)$移动到$(x,y-1)$。

(3) $L$——从$(x,y)$移动到$(x-1,y)$。

(4) $R$——从$(x,y)$移动到$(x+1,y)$。

输入了 $n$ 个命令的序列,机器人处理了它。在此序列之后,机器人最终进入了起始单元(0,0),但怀疑该序列是否是在正确执行后机器人最终处于同一单元的情况。可能有些命令被机器人忽略了。要确认机器人是否受到严重窃听,需要计算正确执行的最大可能命令数。

样例输入：

```
4
LDUR
```

样例输出：

```
4
```

样例解释：$L=R=1,U=D=1$，命令数为 $1\times2+1\times2=4$。

### 6. 买票

新的"Hello World!"电影刚刚上映！电影院票房有 $n$ 个人排着长队。他们每个人都有一张 100、50 或 25 元的钞票。一张"Hello World!"的票价为 25 元。如果售票员最初没有钱并严格按照人们排队的顺序出售门票，可以将票卖给每个人并找零吗？

样例输入：

```
4(排队人数)
25 25 50 50(第 i 个人的钞票面值)
```

样例输出：

```
YES
```

样例解释：先收两个 25 刚好可以找给后面两个 50 的人。

### 7. 反转字符串最小成本

给定两个长度相同的二进制字符串 $a$ 和 $b$。可以对字符串 $a$ 执行以下两个操作：分别在索引 $i$ 和 $j$ 处交换任意两位$(1\leqslant i,j\leqslant n)$，这个操作的代价是 $|i-j|$，即 $i$ 和 $j$ 的绝对差。选择任意索引 $i(1\leqslant i\leqslant n)$ 并翻转（将 0 更改为 1 或 1 更改为 0）该索引处的位，此操作的成本为 1。找出使字符串 $a$ 等于 $b$ 的最小成本（不允许修改字符串 $b$）。

样例输入：

```
3(字符串长度)
100(字符串 a)
001(字符串 b)
```

样例输出：

```
2
```

样例解释：将字符串 $a$ 的第 1 个位置和第 3 个位置进行翻转，花费是 2。

### 8. 两个数字之间的最大距离

一个数组 $n(n\leqslant100000)$ 个数,保证所有数不全部相同,设两个相邻数字之间的距离为1,求某两个不同数字之间的最大距离。

样例输入:

```
5(数组长度)
1 2 3 2 3(第 i 个数的数值)
```

样例输出:

```
4
```

样例解释:最左边的1和最右边的3数字不同,所以最远距离是4。

### 9. 数组匹配

给你两个数组,第一个数组有 $n$ 个数,第二个数组有 $m$ 个数,两个数组的数字可以配对的要求是两个数差的绝对值不大于1,假设每个数最多配对一次,求两个数组能配对的最大数量。

样例输入:

```
4(数组一的长度)
1 4 6 2(数组一第 i 个位置的数值)
5(数组二的长度)
5 1 5 7 9(数组二第 i 个位置的数值)
```

样例输出:

```
3
```

样例解释:排序后数组一为1 2 4 6,匹配方法 1~1,5~4,5~6,最多只有3对。

**第7章**

# 分支限界法

## ◇ 7.1 概　　述

分支限界法由理查德·卡普(Richard M. Karp)在 20 世纪 60 年代发明,与回溯法类似,都是在问题的解空间树上搜索问题解的一种算法。其基本思想是对有约束条件的最优化问题的所有可行解(数目有限)空间进行搜索。

分支限界法主要以广度优先的方式搜索问题的解空间树。在分支限界法中,每一个活结点只有一次机会成为扩展结点。活结点一旦成为扩展结点,就一次性产生其所有的子结点。通过不断扩展子结点把全部可行的解空间不断分割为越来越小的子集(称为分支),并为每个子集内解的值计算一个下界或上界(称为定界),根据问题优化目标,依据下界或上界舍弃不可行解或导致非最优解的子结点,引导搜索最优解。

## ◇ 7.2 分支限界法设计思路

在搜索的过程中,按广度优先策略对当前结点进行扩展,分支产生当前结点的所有子结点。在每次分支后,对限界超出已知可行解值的子集不再做进一步分支,减少搜索范围,提高算法效率。将问题分支为子问题并对这些子问题定界的步骤称为分支限界法。

选择搜索树上的结点作为下次分支的结点的原则如下。

(1) 队列式(FIFO)分支限界法:从最新产生的各子集中按顺序选择各结点进行分支。

(2) 优先队列式分支限界法:每次算完限界后,把搜索树上当前所有叶结点的限界进行比较。找出限界最优的结点,此结点即为下次分支的结点。

分支限界法中问题的解向量表示为$<x_1, x_2, \cdots, x_n>$,其中 $x_i \in S_i$,每个分量存在 $s_i = |S_i|$ 种取值,所以,问题的解空间大小为 $s_1 \times s_2 \times \cdots \times s_n$。如果 $s_i \geq 2$,则问题的复杂度至少为 $O(2^n)$,如 0-1 背包问题、旅行商问题等,是典型的 NP 难问题。当输入规模较大时,穷举法难以有效地进行求解,分支限界法能够避免对搜索空间中的部分区域进行搜索,实现算法性能提升。

优先队列式分支限界法是进行分支限界算法设计时主要使用的方法。该方法从初始状态开始,利用限界函数、优先队列引导搜索朝着最有希望的方向进行。以求解一个最小化问题为例描述分支限界法的主要步骤如下。

(1) 利用贪心法求出问题的上界 ub,利用限界函数求出问题初始状态的下界 lb。初始状态结点加入待处理结点表 PT(优先队列)。

(2) 获取 PT 中队首结点(lb 最小),该结点对应一个在搜索树进行了 $k$ 步搜索的部分解:$<x_1,x_2,\cdots,x_k>$。接下来扩展该结点进行第 $k+1$ 步搜索。

(3) 第 $k+1$ 步有 $|S_{k+1}|$ 种分支选择,形成 $s_{k+1}$ 个部分解 $\{<x_1,x_2,\cdots,x_k,x_{k+1}>|x_{k+1}\in s_{k+1}\}$,并对每个部分解计算下界 lb。

(4) 仅将 $s_{k+1}$ 个部分解中 lb≤ub 的结点放入队列 PT 中来实现剪枝。持续执行(2)和(3),直到叶子结点为止。叶子结点对应一个问题的解,如图 7.1 中结点 $f_1$。

(5) 假定结点 $f_1$ 对应的下界是 lb',删除 PT 中所有下界≥lb'的结点。如果 PT 为空,则搜索结束,最优解是结点 $f_1$ 对应的解;否则,按照(2)、(3)、(4)、(5)继续搜索,直到 PT 为空为止。如果在搜索的过程中找到更优的下界,则说明找到了更优的解,如图 7.1 中 $f_2$。

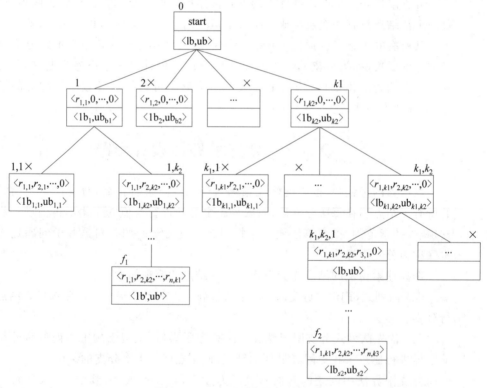

图 7.1　分支限界法的一般搜索过程

分支限界法已经成功应用于旅行商问题、背包问题以及可行解的数目为有限的许多其他问题。Kolen 等曾利用此方法求解含时间窗约束的车辆巡回问题,其实验的结点数范围为 6~15。当结点数为 6 时,计算机演算所花费的时间大约为 1min(计算机型为 VAZ11/785),当结点数扩大至 12 时,计算机有内存不足的现象产生,所以分支限界法比较适用于求解小型问题。Held 和 Karp 指出分支限界法的求解效率与其界限设定的宽紧有极大的关系。

# ◆ 7.3　分支限界法示例与过程分析

## 7.3.1　0-1 背包问题

例 7.1　求 0-1 背包问题：物品数量 $n=4$，背包质量 $C=10$。$n$ 个物品的质量及价值如表 7.1 所示。

表 7.1　背包问题示例

| 物　品 | 质量($w$) | 价值($v$) | 价值/质量($v/w$) |
| --- | --- | --- | --- |
| 1 | 4 | 24 | 6 |
| 2 | 8 | 40 | 5 |
| 3 | 5 | 20 | 4 |
| 4 | 2 | 6 | 3 |

用 $W$ 表示已放入背包所有物品质量之和，$V$ 表示背包已放入物品价值之和。

问题的下界通过贪心法求解：遍历物品，当背包剩余质量 $C-W \geqslant w_i$ 时，把物品放入背包，按照此方法可得 lb=44。

用 $x_i \in \{0,1\}$ 表示第 $i$ 个物品是否选择，则上界的求解方法如式(7-1)所示：

$$\text{ub} = \sum_{i=1}^{k} x_i v_i + (C-W)\left(\frac{v_{i+1}}{w_{i+1}}\right) \tag{7-1}$$

根据式(7-1)计算得到问题的 ub=6×10=60。

用结构{结点编号、待决策物品编号 $i$、部分解 $x[1..n]$、物品价值和 $V$、物品质量和 $W$、ub}表示结点。

待处理结点表 PT，PT 是优先队列按结点 ub 降序排列，队首结点的 ub 最大。

利用贪心法求出问题的下界 lb，利用式(7-1)求出目标函数的上界 ub。

于是，求解 0-1 背包问题的分支限界算法可以描述如下。

```
算法：BranchBoundKnapsack(C,n,w[],v[])
//输入：背包质量 C,物品数量 n,物品质量 w[],物品价值[]
//输出：背包中放入物品
当前结点编号：cnt←1
构造根结点 root:{cnt,0,[],0,0,ub}
放入 PT: PT←PT∪{root}
    while PT≠∅ do
    弹出队首结点 node
    k←node.i+1
    cw←node.W+w[k]
```

```
    if cw≤C then
            物品 k 放入背包,根据式(7-1)计算新结点的目标函数上界 ub
            if ub< lb then continue end if
            cv←node.V+v[k]
            if k=n and cv≥node.ub then
               输出最优解,退出
            else if k=n and cv>lb then
               lb←cv
    end if
            分配数组存储左子结点代表的部分解: ls[1..n]←node.s[1..n]
            cnt←cnt+1
            构造结点 node 的左子结点 left:{cnt,k,ls[k]←1,cv,cw,ub}
            PT←PT∪{left}
    end if
            物品 k 不放入背包,根据式(7-1)计算目标函数上界 ub
            分配数组存储右子结点代表的部分解: rs[1..n]←node.s[1..n]
            cnt←cnt+1
            构造结点 node 的右子结点 right:{cnt,k,rs[k]←0,node.v,node.W,ub}
            PT←PT∪{right}
    end while
```

表 7.1 所示问题的搜索过程如下。

(1) 优先队列 PT 初始结点: {(♯1,0,[],0,0,60)}。

(2) 弹出队首元素(结点♯1),根据物品 1 选择与否产生两个结点♯2 和♯3,按优先级从高到低放入 PT 中: {(♯2,1,[1],24,4,54)、(♯3,1,[0],0,0,50)}。

(3) 弹出队首元素(结点♯2),根据物品 2 选择与否产生两个结点♯4 和♯5,由于结点♯4 不可行被剪枝,将结点♯5 放入 PT: {(♯3,1,[0],0,0,50)、(♯5,2,[1,0],4,24,48)}。

(4) 弹出队首元素(结点♯3),根据物品 2 选择与否产生两个结点♯6 和♯7,其中结点♯7 的 ub=40<lb,被剪枝,将结点♯6 放入 PT 中: {(♯5,2,[1,0],4,24,48)、(♯6,2,[0,1],40,8,45)}。

(5) 弹出队首元素(结点♯5),根据物品 3 选择与否产生两个结点♯8 和♯9,按优先级从高到低放入 PT 中: {(♯8,3,[1,0,1],44,9,47)、(♯6,2,[0,1],40,8,45)、(♯9,3,[1,0,0],24,4,42)}。

(6) 弹出队首元素(结点♯8),根据物品 4 选择与否产生两个结点♯10 和♯11,其中结点♯10 不可行被剪枝。结点♯11(♯11,4,[1,0,1,0],44,9,44)中待决策物品为 4,表示该结点是叶子结点,其对应的解[1,0,1,0]是问题的一个可行解,可放入背包物品质量为 44。由于 44<47,故该解不一定是最优解,继续进行搜索。

(7) 弹出队首元素(结点♯6),根据物品 3 选择与否产生两个结点♯12 和♯13,其中结点♯12 不可行被剪枝。将结点♯13 放入 PT 表中: {(♯13,3,[0,1,0],40,8,46)、(♯9,3,[1,0,0],24,4,42)}。

(8) 弹出队首元素(结点♯13),根据物品 4 选择与否产生两个叶子结点♯14,结点♯14 为(♯14,4,[0,1,0,1],46,10,46)。结点♯14 的解是[0,1,0,1],可放入背包的质量为 46。

由于结点♯14 是扩展自 ub 最大的结点♯13,而且结点♯14 的 ub＝46(≥结点♯13 的 ub),所以结点♯14 的 ub 是所有结点中的最大值。因此,结点♯14 的解[0,1,0,1]是最优解,最优值为 46,搜索结束。

搜索树如图 7.2 所示。

图 7.2　背包问题搜索树

## 7.3.2　多段图最短路径问题

例 7.2　设有 $n$ 个顶点的图 $G＝(V,E)$ 是一个带权有向连通图,如果把顶点集合 $V$ 划分为 $k$ 个互不相交的子集 $V_i(2\leqslant k\leqslant n,1\leqslant i\leqslant k)$ 使得 $E$ 中的任何一条边 $(u,v)$,必有 $u$ 属于 $V_i$,$v$ 属于 $V_{(i+m)}(1\leqslant i<k,1<i+m\leqslant k)$ 则称图 $G$ 为多段图,称 $s$ 属于 $V_1$ 为源点,$t$ 属于 $V_k$ 为终点。约定源点为 0,终点为 $n$。

多段图的最短路径问题即求从源点 $s$ 到终点 $t$ 的最短路径。

如图 7.3 所示多段图,顶点 0 表示源点,顶点 9 表示终点,求该多段图的最短路径。

图 7.3　多段图示例

多段图是路径最小化问题,求解过程如下。

**1. 用贪心法求上界**

从源点 0 出发,找出到达下一段顶点最短的弧,如果有多条,选择到达顶点编号最小的弧;从下一个顶点按照该策略继续确定路径后续的弧,直到终点 9。

所以,可以确定路径 $0 \rightarrow 1 \rightarrow 5 \rightarrow 8 \rightarrow 9$,其长度为 $3+5+5+6=19$,即 $ub=19$。

**2. 目标函数下界计算方法**

目标函数下界通过选择连接每两段中最短的一条弧构成的路径得到,该条路径可能不是一条合法的路径。由此,可得问题初始下界:

$$lb = (0 \rightarrow 1) + (2 \rightarrow 6) + (5 \rightarrow 8) + (7 \rightarrow 9) = 3+4+5+2 = 14$$

记这些最短弧集合为 $U$,如果构成最短路径的所有弧都来自集合 $U$,则最短路径可以达到下界;否则,最短路径中必然存在部分弧要长于对应段间的弧,则最短路径大于下界。

记段数为 $n$ 的图中从左至右的段为 $S_1, S_2, \cdots, S_n$,前 $k$ 段确定的顶点记为 $a_0, a_1, \cdots, a_k$,$arc(u,v)$ 表示弧 $<u,v>$,$|arc(u,v)|$ 表示弧的长度。

算法的下界可以通过式(7-2)得到:

$$lb = \sum_{i=0}^{k-1} c[a_i][a_{i+1}] + \sum_{i=k}^{n-1} \min\{|arc(u,v)|\} \tag{7-2}$$

其中,$u \in S_i, v \in S_{i+1}$。

用结构{起始顶点 from,终止顶点 to,长度 l}表示直接相连弧,$n$ 表示段数,$SA[1..n]$ 表示每段中弧的集合,$SA[1]$ 表示第 0 段与第 1 段之间的直接相连弧的集合。

用结构{结点编号,当前决策段 $i$,当前顶点 cv,部分解 $x[]$,下界 lb}表示搜索树结点,算法描述如下。

```
算法: BranchBoundMultiSegmentGraph(s,t,SA[],n)
//输入: 图 Graph,源点 s,终点 t,每段中直接相连弧集合 SA,段数 n
//输出: 最短路径
当前结点编号 cnt=1
搜索树根结点 root←{cnt,0,s,[ ],lb}
优先队列 PT 表示待处理结点表,将 root 放入 PT 中:PT←PT∪{root}
while PT≠∅ do
    node←弹出 PT 首结点
    k←node.i+1
    for∀ arc(u,v)∈SA[k] do
        if u=node.cv then
            cnt←cnt+1
            将 arc(u,v)放入路径并根据式(7-2)计算新的路径对应的 lb
            if lb≥ub then continue end if
            分配空间存储结点 cnt 的部分解 x←node.x
            x[k]←arc(u,v)
            if k=n and lb≤node.lb then
```

```
                输出解 x,最短路径长度 lb
            else if k=n then
                ub=min(ub,lb)
            end if
            构造新结点 child←{cnt,k,v,x,lb}
            PT←PT∪{child}
        end if
    end for
end while
```

图 7.3 所示问题搜索过程如下。

(1) 初始状态。将结点♯1放入 PT 中,PT 中包含一个结点{(♯1、0、0、<>、14)}。

(2) 获得队首结点♯1,该结点表示搜索起始的结点。源点0有3条出弧,可以扩展出3个子结点♯2、♯3和♯4,放入 PT 中。此时 PT={(♯2、1、1、<0→1>、14)、(♯4、1、3、<0→3>、14)、(♯3、1、2、<0→2>、17)}。

(3) 获得队首结点♯2,顶点1有3条出弧,可以扩展出3个子结点♯5、♯6和♯7。此时,PT={(♯4、1、3、<0→3>、14)、(♯6、2、5、<0→1→5>、15)、(♯7、2、6、<0→1→6>、16)、(♯3、1、2、<0→2>、17)、(♯5、2、4、<0→1→4>、18)}。

(4) 获得队首结点♯4,顶点3有3条出弧,可以扩展出3个子结点♯8、♯9和♯10。此时,PT={(♯6、2、5、<0→1→5>、15)、(♯8、2、4、<0→3→4>、15)、(♯7、2、6、<0→1→6>、16)、(♯3、1、2、<0→2>、17)、(♯9、2、5、<0→3→5>、17)、(♯5、2、4、<0→1→4>、18)、(♯10、2、6、<0→3→6>、19)}。

(5) 获得队首结点♯6,顶点5有2条出弧,可以扩展2个子结点♯11和♯12。此时,PT={(♯8、3、4、<0→3→4>、15)、(♯7、2、6、<0→1→6>、16)、(♯11、4、6、<0→1→5→7>、16)、(♯3、1、2、<0→2>、17)、(♯9、2、5、<0→3→5>、17)、(♯5、2、4、<0→1→4>、18)、(♯10、2、6、<0→3→6>、19)、(♯12、4、7、<0→1→5→8>、19)}。

(6) 获得队首结点♯8,顶点4有2条出弧,可以扩展2个子结点(♯13、4、7、<0→3→4→7>、15)和(♯14、4、8、<0→3→4→8>、22)。由于结点♯14的 lb=22>18,执行剪枝。此时,PT={(♯13、4、7、<0→3→4→7>、15)、(♯7、2、6、<0→1→6>、16)、(♯11、4、6、<0→1→5→7>、16)、(♯3、1、2、<0→2>、17)、(♯9、2、5、<0→3→5>、17)、(♯5、2、4、<0→1→4>、18)、(♯10、2、6、<0→3→6>、19)、(♯12、4、7、<0→1→5→8>、19)}。

(7) 获得队首结点♯13,顶点7有1条出弧到终点,扩展1个叶子结点(♯15、5、9、<0→3→4→7→9>、15)。该结点是问题的一个解。此时,PT 中所有结点的下界都大于15。因此,♯15结点对应的解为问题的最优解,搜索结束。

图 7.3 所示问题搜索树如图 7.4 所示。

### 7.3.3　旅行商问题

**例 7.3**　用分支限界法求解图 7.5 所示的旅行商问题。

按照广度优先进行穷举所有路径将遍历一棵排列树,具有 $O(n!)$ 的复杂度。因此,旅行商问题是典型的 NP 难问题。在搜索过程中需要评价子树是否需要搜索来减少搜索空

旅行商
问题

图 7.4　多段图问题搜索树

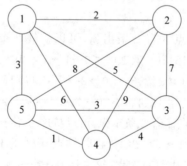

图 7.5　旅行商问题示例

间,提高算法性能,具体过程如下。

**1. 确定目标函数**

应用分支限界法解决旅行商问题首先要确定目标函数,方便每次扩展新的结点时优先扩展目标函数值较小的结点。旅行商问题中目标函数可以用已选取结点路径之和＋未选取结点“最优”路径之和进行估算。这里“最优”路径可以不合理,只是使用这个近似最优解向上逼近最优解。

**2. 根据目标函数确定目标函数的上下界**

在游历的过程中,每个顶点都有一条入弧和一条出弧,对每个顶点选择两条最短的弧,得到如图 7.6 所示的子图(粗线标示的部分)。

虽然粗线标示的路径并不是一条合法的路径,合法的路径中可能存在部分弧的长度不小于对应的弧。例如,当走过的路径为 $1 \to 5 \to 4 \to 3$ 时,根据问题约束,不可能选择 $3 \to 5$ 这条弧,只能选择 $3 \to 2$ 这条弧走出顶点 3。此时,形成合法路径中的部分弧长度要大于粗线标示的对应的弧。

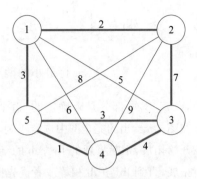

图 7.6　问题中最短弧集合

由于每个城市的入弧和出弧被计算了两次,因此,该路径的长度应该要除以 2 得到问题的下界,即

$$low = [(2+3) + (2+7) + (3+4) + (1+4) + (1+3)]/2 = 15$$

使用贪心法计算目标函数上界:从源点 1 开始遍历图,每次选择与所在顶点相邻的最短的边转移,所走过的路径之和即是目标函数上界。使用贪心算法得到的上界为 $1 \to 2 \to 3 \to 5 \to 4 \to 1$,$ub = 19$。

**3. 确定更新目标函数 lb 计算过程**

假设已经走了 $k-1$ 步,确定的顶点放入集合 $U$ 中,分别标记为 $r_1, r_2, \cdots, r_k$,如图 7.7 所示。

图 7.7　求 TSP 问题的下界

在此部分解形成的格局下,构造下界主要由如下 3 部分计算得到。

(1) 已确定的路径长度: $\sum_{i=1}^{k-1} c[r_i][r_{i+1}]$。

(2) $r_1$ 的入弧、$r_k$ 的出弧未定,从 $r_i$ 行中找出不在路径上的最小元素累加,$r_i \in U$。

(3) 累加 $r_i \notin U$ 中所有顶点相邻两条最短的弧,即 $r_i$ 行上最小的两个元素。

将以上 3 种情况累加形成在当前格局下的路径长度下界:

$$lb = \frac{1}{2}\left( 2\sum_{i=1}^{k-1} c[r_i][r_{i+1}] + \sum_{r_i \in U} r_i \text{ 行不在路径上的最小元素} + \right.$$

$$\left. \sum_{r_j \notin U} r_j \text{ 行最小的两个元素} \right) \tag{7-3}$$

其中,(2)、(3)两部分是未确定的,每个顶点都计算了入弧和出弧,所以要除以 2。

在图 7.5 给出的完全图中选定 1 为源点计算初始 lb=15、ub=19,目标函数界限为[15,19]。从 1 开始拓展,不断将新的 lb<ub 的结点加入优先队列,之后取出优先队列中 lb 最小的结点进行拓展,直到 lb 与 ub 相等或者优先队列为空,最后保留最小的 lb 即为最优解。

用结构{结点编号、当前顶点 cv、已走过顶点数 visited_node_num、部分解 $x[]$、下界 lb}表示搜索树子结点,求解 TSP 问题的分支限界算法可描述如下。

```
算法: BranchBoundTSP(G(V,E),n)
//输入: 图 G,结点数量 n
//输出: 最短路径
当前结点编号: cnt←1;最优路径值: ret←INF
构造搜索树根结点: root←{cnt,1,1,[ ],lb}
利用优先队列构造待处理结点表 PT←PT∪{root}
while PT≠∅ do
node←弹出队首结点
    if node.lb≥ub then continue end if
    k←node.visited_node_num
    if k=n-1 then
        sum←计算完整路径长度
        if sum≤node.lb then
            ret←min(ret,sum);输出最短路径;break      //找到最优解,算法结束
        else
            ub←min(ub,sum)
            ret←min(ret,sum)
        end if
        k←k+1
    for i←1 to n do
        if not visited(i,node.x) then
            i←node.cv
            选择 node.cv→i 分支扩展第 k 步
            x[k]←arc(cv,i)
            arc(cv,i)加入到路径后,根据式(7-3)计算目标函数的下界 lb
            cnt←cnt+1
            构造新的结点node_new←{cnt,i,node.v+1,x,lb}
            PT←PT∪{node_new}
```

```
        end if
    end for
end while
```

图 7.5 所示 TSP 问题搜索过程如下。

(1) 根结点 1 的目标函数限界函数值 $lb=[(2+3)+(2+7)+(3+4)+(1+4)+(1+3)]/2=15$,将结点 1 加入优先队列中。

(2) 对队首元素(结点 1,$lb=15$)进行扩展。

① 结点 2:确定路径 $1\rightarrow2$,$lb=[2\times2+3+7+(1+3)+(1+4)+(3+4)]/2=15$,将结点 2 加入优先队列中。

② 结点 3:确定路径 $1\rightarrow3$,$lb=[2\times5+2+3+(1+3)+(1+4)+(2+7)]/2=17$,将结点 3 加入优先队列。

③ 结点 4:确定路径 $1\rightarrow3$,$lb=[2\times6+2+1+(1+3)+(3+4)+(2+7)]/2=18$,将结点 4 加入优先队列。

④ 结点 5:确定路径 $1\rightarrow5$,$lb=[2\times3+2+1+(1+4)+(3+4)+(2+7)]/2=15$,将结点 5 加入优先队列。

(3) 对队首元素进行扩展(结点 2,$lb=15$)。

① 结点 6:确定路径 $1\rightarrow2\rightarrow3$,$lb=[2\times(2+7)+3+3+(1+3)+(4+3)]/2=17$,加入队列。

② 结点 7:确定路径 $1\rightarrow2\rightarrow4$,$lb=[2\times(2+9)+3+1+(1+3)+(4+3)]/2=19$,达到上界,无继续搜索必要,剪枝。

③ 结点 8:确定路径 $1\rightarrow2\rightarrow5$,$lb=[2\times(2+8)+3+1+(1+4)+(4+3)]/2=18$,加入队列。

(4) 对队首元素进行扩展(结点 5,$lb=15$)。

① 结点 9:路径 $1\rightarrow5\rightarrow2$,$lb=[2\times(3+8)+2+2+(1+4)+(4+3)]/2=19$,达到上界,无继续搜索必要,剪枝。

② 结点 10:路径 $1\rightarrow5\rightarrow3$,$lb=[2\times(3+3)+2+4+(1+4)+(2+7)]/2=16$,加入队列。

③ 结点 11:路径 $1\rightarrow5\rightarrow4$,$lb=[2\times(3+1)+2+4+(3+4)+(2+7)]/2=15$,加入队列。

(5) 对队首元素进行扩展(结点 11,$lb=15$)。

① 结点 12:路径 $1\rightarrow5\rightarrow4\rightarrow2$,$lb=[2\times(3+1+9)+2+2+(3+4)]/2=19$,剪枝。

② 结点 13:路径 $1\rightarrow5\rightarrow4\rightarrow3$,$lb=[2\times(3+1+4)+3+2+(2+7)]/2=15$,加入队列。

(6) 对队首元素进行扩展(结点 13,$lb=15$)。

结点 14:路径 $1\rightarrow5\rightarrow4\rightarrow3\rightarrow2$,$lb=[2\times(3+1+4+7)+2+2]/2=17$。结点 14 已是叶子结点,相应路径 $1\rightarrow5\rightarrow4\rightarrow3\rightarrow2\rightarrow1$,其长度为 17。将上界更新为 17,剪去所有 $lb\geqslant17$ 的分支。

(7) 对队首元素进行扩展(结点 10,$lb=16$)。

① 结点 15:路径 $1\rightarrow5\rightarrow3\rightarrow2$,$lb=[2\times(3+3+7)+2+2+(1+4)]/2=18$,大于上界,剪枝。

② 结点 16：路径 1→5→3→4,lb=[2×(3+3+4)+1+2+(2+7)]/2=16,加入队列。

(8) 对队首元素进行扩展(结点 16,lb=16)。

结点 17：路径 1→5→3→4→2,lb=[2×(3+3+4+9)+2+2]/2=21。结点 17 已是叶子结点,对应的路径 1→5→3→4→2→1,长度为 21(<17),不是最优路径。

搜索结束,最优路径为 1→5→4→3→2→1,长度为 17。

其搜索树如图 7.8 所示。

图 7.8　TSP 问题搜索树

作业调度问题

### 7.3.4　作业调度问题

例 7.4　给定 $n$ 个作业的集合 $J=\{J_1,J_2,\cdots,J_n\}$,每个作业都有 3 项任务,分别在 3 台机器上完成,作业 $J_i$ 需要机器 $M_j$ 的处理时间为 $\text{Cost}_{(i,j)}$,每个作业必须先由机器 1 处理,再由机器 2 处理,最后由机器 3 处理。批处理作业调度问题要求确定这 $n$ 项作业的最优处理顺序,使得从第 1 个作业在机器 1 上处理开始,到最后一个作业在机器 3 上处理结束所需的时间最短。

作业调度问题示例如表 7.2 所示。

问题求解过程如下。

**1. 问题的上界**

任意指定一个调度顺序进行调度,可以得到问题的一个可行解,该可行解可以作为问题的上界。

表 7.2 作业调度问题示例

| 作 业 | 机 器 | | |
|---|---|---|---|
| | $M_1$ | $M_2$ | $M_3$ |
| $J_1$ | 7 | 8 | 10 |
| $J_2$ | 9 | 6 | 4 |
| $J_3$ | 5 | 9 | 7 |
| $J_4$ | 10 | 7 | 5 |

按照 $J_1$、$J_2$、$J_3$、$J_4$ 顺序调度,如图 7.9 所示。

图 7.9 调度示例

该调度完成所需的时间是 ub=43。

**2. 下界的计算方法**

记 $U$ 为部分调度的作业,sum1 为完成 $k$ 个任务在机器 1 上的处理时间,sum2 为完成 $k$ 个任务在机器 2 上的处理时间。在进行部分调度后,机器最早的完工时间如图 7.10 所示。

图 7.10 求解作业调度问题下界示意图

用 $i = k+1$ 表示当前处理第 $k+1$ 个任务,此时,下界的计算包括 3 部分。

(1) 机器 1 上的处理时间:sum1$=$sum1$+$cost$[i][1]$。

(2) 机器 2 上的最短处理时间为第 $i$ 个任务结束后,再不间断处理剩余任务:sum2$=$ max(sum1,sum2)$+$cost$[i][2]+\sum\limits_{j\notin U}$cost$[j][2]$。

(3) 机器 3 上最早完工时间:sum3$=$sum2$+\min\limits_{j\notin U}\{$cost$[j][3]\}$,则在调度 $k+1$ 个任务后,机器所需加工时间最少为 lb$=$sum3。

用结构〈结点编号、已调度作业数量 $k$、部分解向量 $x[1..n]$、sum1、sum2、lb〉表示搜索树中的结点,则算法可表示如下。

```
算法:BranchBoundBatchScheduling(cost[][],m,n)
//输入:作业在机器上的加工时间 cost,机器数量 m,作业数量 n
//输出:最优调度
结点编号 cnt←1;最优调度结果 ret←INF
搜索树根结点 root←{cnt,0,[ ],0,0,lb}
利用优先队列实现的待处理结点表 PT←{root}
while PT≠∅ do
    node←弹出队首结点
    if node.k=n-1 then
        直接调度最后一个作业,并计算总的加工时间 sum
    end if
    if sum≤node.lb then
            输出最优值,算法结束
    else if sum>node.lb then
            ub←min(ub,sum)
            ret←min(ret,sum)
    end if
    end if
    for i←1 to n do
        if not scheduled(i) then
            分配数组 x 存放前 k 步调度结果:x=node.x
            k←node.k+1
            x[node.k+1]←i
            计算在完成 k+1 步调度之后的 sum1、sum2、lb
            cnt←cnt+1
            node_new←{cnt,k,x,sum1,sum2,lb}
            PT←PT∪{node_new}
        end if
    end for
end while
```

表 7.2 所示问题的搜索过程如下。

(1) 初始状态,优先队列 PT={(♯1,0,[],0,0,0)}。

(2) 获得队首结点♯1,此时存在 4 种不同的调度,即分别调度任务 1、任务 2、任务 3 和任务 4,由此扩展 4 个子结点,分别标示为结点♯2、♯3、♯4 和♯5。

① 调度 $J_1$ 扩展出结点♯2:sum1=7,sum2=15,lb=15+(6+9+7)+4=41,PT={(♯2,1,[1],7,15,41)}。

② 调度 $J_2$ 扩展出结点♯3:sum1=9,sum2=15,lb=15+(8+9+7)+5=44>43,执行剪枝。

③ 调度 $J_3$ 扩展出结点♯4:sum1=5,sum2=14,lb=14+(8+6+7)+4=39,PT={(♯4,1,[3],5,14,39),(♯2,7,15,<$J_1$>,41)}。

④ 调度 $J_4$ 扩展出结点♯5:sum1=10,sum2=17,lb=17+(8+6+9)+4=44>43,执行剪枝。

(3) 获得队首结点♯4 进度扩展,此时可以产生 3 个新的结点。

① 结点♯6:$J_3 \rightarrow J_1$,sum1=5+7=12,sum2=max(sum2,sum1)+8=22,lb=22+(6+7)+4=39,PT={(♯6,2,[3,1],12,22,39),(♯2,1,[1],7,15,41)}。

② 结点♯7:$J_3 \rightarrow J_2$,sum1=5+9=14,sum2=max(sum2,sum1)+6=20,lb=20+(7+8)+5=40,PT={(♯6,2,[3,1],12,22,39),(♯7,2,[3,2],14,20,40),(♯2,1,[1],7,15,41)}。

③ 结点♯8:$J_3 \rightarrow J_4$,sum1=5+10=15,sum2=max(sum2,sum1)+7=22,lb=22+(6+8)+4=40,PT={(♯6,2,[3,1],12,22,39),(♯7,2,[3,2],14,20,40),(♯8,2,[3,4],15,22,40),(♯2,1,[1],7,15,41)}。

(4) 获得队首结点♯6 进度扩展。

① 结点♯9:$J_3 \rightarrow J_1 \rightarrow J_2$,sum1=12+9=21,sum2=max(sum2,sum1)+6=28,lb=28+7+5=40,PT={(♯7,2,[3,2],14,20,40),(♯8,2,[3,4],15,22,40),(♯9,3,[3,1,2],21,28,40),(♯2,1,[1],7,15,41)}。

② 结点♯10:$J_3 \rightarrow J_1 \rightarrow J_4$,sum1=12+10=22,sum2=max(sum2,sum1)+7=29,lb=29+6+4=39,PT={(♯10,3,[3,1,4],22,29,39),(♯7,2,[3,2],14,20,40),(♯8,2,[3,4],15,22,40),(♯9,3,[3,1,2],21,28,40),(♯2,1,[1],7,15,41)}。

(5) 获得队首结点♯10 进度扩展。

结点♯11:$J_3 \rightarrow J_1 \rightarrow J_4 \rightarrow J_2$,sum1=22+9=31,sum2=max(sum2,sum1)+6=37,lb=37。该结点是叶子结点,且下界小于 PT 中所有结点的下界,因此,该路径 $J_3 \rightarrow J_1 \rightarrow J_4 \rightarrow J_2$ 是最优路径,搜索结束。

调度问题搜索树如图 7.11 所示。

最优调度如图 7.12 所示。

图 7.11  调度问题搜索树

图 7.12  最优调度图

## ◆ 7.4　能 力 拓 展

### 7.4.1　大富翁游戏

例 7.5　大富翁游戏可以简化为一个从 1 到 $n$ 的棋盘,玩家要求从起始点 1 开始尽快到达终点 $n$。棋盘中每个点 $i$ 都有一个属性 $\mathrm{cost}[i]$($0 \leqslant \mathrm{cost}[i] \leqslant 5$),玩家在 $i$ 点掷骰子,掷出的结果为 $p$($1 \leqslant p \leqslant 6$),则可以走 $p-\mathrm{cost}[i]$ 步。至少要投掷多少次骰子才能从源点到达终点?

给定输入 10 个点,每个点的属性 $\mathrm{cost}[i]$ 如图 7.13 所示。

图 7.13　每个点的属性 $\mathrm{cost}[i]$

请问至少要掷多少次骰子才能到达 $n$ 点。

解题思路:采用先进先出的分支限界算法,用结构{当前位置 $i$,跳转次数 $k$}表示搜索树中的结点,其中跳转次数 $k$ 即为投掷骰子的次数。记当前玩家走到的位置为 $i$,投掷骰子得到的点数是 $p$($1 \leqslant p \leqslant 6$),则存在 $6-\mathrm{cost}[i]$ 个分支,如图 7.14 所示。

图 7.14　位置 $i$ 的分支图

此处只对 $p-\mathrm{cost}[i]>0$ 的情况进行分支扩展,而 $p-\mathrm{cost}[i] \leqslant 0$ 的情况则不必要进行搜索,原因如图 7.15 所示。

图 7.15　跳转所能到达位置的示意图

如果 $i$ 是 $k-1$ 次跳转所能到达的最远位置,所有标示 $k-1$ 的点都已被搜索过。同理,标示 $k-2$ 次跳转的点也已被搜索过,以此类推。这说明当最远走到 $i$ 点时,$1 \sim i$ 的所有点都已经被搜索或者待处理。如果 $p-\mathrm{cost}[i] \leqslant 0$,则必然回退到 $1 \sim i$ 中的某个位置,从而造成重复搜索,因此 $p-\mathrm{cost}[i] \leqslant 0$ 的分支将被剪枝。

在搜索的过程中,树的每一层结点中跳转的步数是相同的,下层标示的位置由上一层的位置跳转一次到达。当树中的某个结点中的当前位置第一次出现 $n$,则说明玩家到达终点 $n$,而且跳动步数最少(投掷骰子次数最少)。

大富翁游戏的分支限界算法如下所示。

```
算法: BranchBoundMonopoly(cost[1..n],n)
//输入: 点的数量 n,每个点的属性 cost[1..n]
//输出: 最少跳转次数
根结点 root←{1,0}
待处理结点表 PT←{root}
while PT≠∅ do
node←弹出 PT 队首结点
    for i←1 to6 do
        skip←node.k+1
        idx←node.i+i-cost[node.i]
        next←{idx,skip}
        if next.i=n then
                return next.k
        else if next.i<node.i then
                continue
        end if
        PT←PT∪{next}
    end for
end while
```

大富翁问题的搜索树如图 7.16 所示。

最快经过2次跳转可达终点10

图 7.16 大富翁问题的搜索树

## 7.4.2 最优装载问题

例 7.6 有一批共 $n$ 个集装箱要装上 2 艘载重量分别为 $C_1$ 和 $C_2$ 的轮船,其中集装箱 $i$ 的质量为 $w_i$,满足 $w_1+w_2+\cdots+w_n<C_1+C_2$。请判断能否将这 $n$ 个集装箱放进这两艘

轮船中。

示例：载重量分别为 $C_1 = 9$ 和 $C_2 = 6$ 的船是否能够装载重量为 3、5、2、4 这 4 个集装箱。

问题分析：将载重量为 $C_1$ 的轮船定为♯1 轮船，$C_2$ 的轮船定为♯2 轮船。问题的求解思路是尽可能将♯1 轮船装满后，如果♯2 轮船能够装下剩余的集装箱，则问题可解，否则问题无解。

将集装箱尽可能装入♯1 轮船是一种特殊的 0-1 背包问题，通过搜索每个集装箱放入(1) 或者不放入(0) 的两种可能来搜索最优的放入集装箱组合。

记 $r$ 为当前决策集装箱位置之后的所有未装入集装箱质量之和，初始需要决策的是 1 号集装箱，所以初值为 $r = \sum_{i=2}^{n} w_i$。由于该问题的搜索过程是对每个集装箱选择或者放弃进行分支，因此，搜索树是一个子集树。子集树的第 $i$ 层是不同的状态下对第 $i$ 个集装箱的决策，如图 7.17 所示。

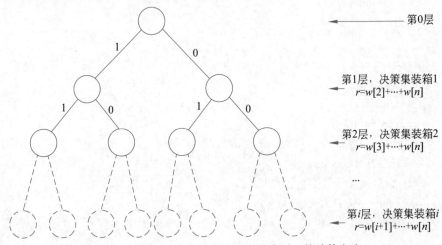

图 7.17　以层序遍历的方式进行搜索时 $r$ 的计算方法

因此，当第 $i$ 层搜索完毕后，执行 $r = r - w[i+1]$，标示所有未被搜索的集装箱质量之和。所以，搜索的顺序要按照层序遍历进行。

记 Ew 为已装入集装箱质量之和，因此目标函数的上界 ub = Ew + $r$，当前最优装载重量 best = 0。

最优装载问题的分支限界法可描述如下。

算法：OptimalLoad(w[1..n],int C₁,int C₂,int n)

//输入：集装箱集合 w,轮船 1 的载重量 C₁,轮船 2 的载重量 C₂,集装箱数量 n

//输出：是否可以装载

先进先出队列 Q←{-1}　　　　　//-1 为每层结束标志

```
当前决策集装箱编号 i←1
当前结点已装入集装箱质量之和: loaded←0
下界: best←0
```

剩余未决策的集装箱质量之和: $r \leftarrow \sum_{i=2}^{n} w[i]$

```
while true do
    t←loaded+w[i]
    ub←r+t
    if t≤c1 then
        if t>best then
            best=t
            if best=C1 then 退出搜索 end if
        end if
        if i>n then
            Q←Q∪{t}
        end if
    end if
    if ub>best and i<n then
            Q←Q∪{t}
        end if
    loaded←弹出队首元素
    if loaded=-1 then
if Q=∅ then   退出循环 end if
        Q←Q∪{-1}
        loaded←弹出队首元素
        i←i+1
        r←r-w[i]
    end if
end while
```

if loaded+c2 $\geq \sum_{i=1}^{n} w[i]$ then

```
    输出 True
else
    输出 False
end if
```

最优装载问题搜索树如图 7.18 所示。

图 7.18　最优装载问题搜索树

# ◆习　　题

## 1. $n$ 皇后问题

如何能够在 $n \times n$ 的国际象棋棋盘上放置 $n$ 个皇后,使得任何一个皇后都无法直接吃掉其他皇后? 为了达到此目的,任两个皇后都不能处于同一条横行、纵行或斜线上。给出棋盘大小 $n$,请输出一个解。

输入描述:第一行一个整数 $n$。

输出描述:一行,$n$ 个整数,第 $i$ 个整数表示第 $i$ 个皇后在第 $i$ 行的第几列。

样例输入:

8

样例输出:

1 5 8 6 3 7 2 4

### 2. 八数码问题

在九宫格里放在 1~8 共 8 个数字还有一个是空格,与空格相邻的数字可以移动到空格的位置,问给定的状态最少需要几步能到达目标状态(用 0 表示空格):

```
1 2 3
4 5 6
7 8 0
```

输入描述:输入一个给定的状态。例如:

```
1 0 3
4 5 6
7 8 2
```

输出描述:输出到达目标状态的最小步数。不能到达时输出-1。

样例输入:

```
103
456
782
```

样例输出:

```
11
```

### 3. 分配问题

任务分配问题要求把 $n$ 个任务分配给 $n$ 个人,每个人完成每项任务的成本不同,要求分配总成本最小的分配方案。

输入描述:第一行一个整数 $n$。

第二行至第 $n+1$ 行,每行 $n$ 个整数代表每个人在每项任务的成本。

样例输入:

```
4
9 2 7 8
6 4 3 7
5 8 1 8
7 6 9 4
```

样例输出:

```
13
```

### 4. 马走日

小 P 和小 C 在玩国际象棋，直到最后，小 P 和小 C 就都只剩下一匹马，众所周知，马走日。小 P 和小 C 想要知道至少要多少步两匹马才能相遇。假设棋盘充分大，并且坐标可以为负数。现在请你求出从点 p 到点 c 至少需要多少步。

输入描述：第一行 4 个整数分别为 (px, py)、(cx, cy)，分别代表开始时小 P 和小 C 的马所在的坐标。

输出描述：一行一个整数代表最少步数。

数据范围：$0 \leqslant px, py, cx, cy \leqslant 300$。

样例输入：

```
1 1 3 3
```

样例输出：

```
4
```

### 5. 寻宝之路

小 P 逍遥江湖想要寻宝，寻宝之路可以看作一个有向图，小 P 从 $S$ 点出发想要到达 $T$ 点。给出有向图信息，小 P 想要知道从 $S$ 点出发到达 $T$ 点第 $k$ 小路径是多少。

输入描述：第一行 5 个整数表示读入点数 $n$，边数 $m$、$k$，源点 $S$，终点 $T$。

第二行至第 $m+1$ 行每行 3 个整数 $u$、$v$、$c$ 表示有一条由 $u$ 出发到 $v$ 长度为 $c$ 的边。

输出描述：一行，一个整数代表小 P 从 $S$ 点出发到达 $T$ 点的第 $k$ 小路径。

样例输入：

```
4 6 2 1 4
1 2 1
2 3 1
3 4 1
1 3 3
1 4 4
2 4 3
```

样例输出：

```
4
```

# 第 8 章

# 动 态 规 划

## ◆ 8.1 概 述

动态规划(Dynamic Programming,DP)是运筹学的一个分支,是求解决策过程最优化的有效方法。20 世纪 50 年代初,美国数学家 R. Bellman 等在研究多阶段决策过程的优化问题时,提出了著名的最优化原理,从而创立了动态规划。动态规划的应用包括工程技术、经济、工业生产、军事以及自动化控制等广泛领域,在背包问题、资源分配问题、最短路径问题等中取得显著成果。

动态规划适用于求解多阶段决策问题,此类问题的活动过程可以分为若干互相联系的阶段问题,在每一个阶段都需做出决策,从而就完全确定了一个过程的活动路线。各个阶段的决策构成一个决策序列,称为一个策略。每个阶段存在多个决策供选择,最终得到求解问题的策略空间。多阶段决策问题,就是要在策略空间中选取一个最优策略,使在预定的标准下达到最好的效果。

## ◆ 8.2 动态规划算法设计规则

动态规划算法的基本思想是将待求解的问题分解为若干子问题,依次解决各子问题,直到推出原问题的解。

适用动态规划求解的问题一般具有如下 3 个性质。

### 1. 最优化原理

一个最优化策略的子策略总是最优的,子问题的最优解构成原问题最优解。满足最优化原理的问题称具有最优子结构性质。

### 2. 无后效性

在按阶段求解问题的过程中,前一阶段的状态无法直接影响后续的决策。

### 3. 子问题的重叠性

动态规划所处理的问题一般由初始状态开始,通过对中间阶段决策的选择,达到结束状态。在求解过程中,往往需要重复求解相同的子问题,即存在子问题重叠性。为了避免重复计算,用一个表来记录已求解子问题的答案,后续子问题求解时通过查表完成。

动态规划算法设计时要遵循如下步骤。

(1) 问题划分:按照问题的时间或空间特征,把问题分为若干阶段。

(2) 确定状态和状态变量:用不同的状态表示问题在各个阶段时所处的客观情况。

(3) 确定状态转移方程:根据前阶段的状态和决策来表示本阶段的状态,通过状态转移方程表示状态转移。

(4) 寻找边界条件:确定状态转移方程递推的终止条件或边界条件。

# ◆ 8.3　动态规划算法问题求解

0-1 背包
问题

## 8.3.1　0-1 背包问题

例 8.1　限定背包能够承受的质量 $C=5$、物品数量 $n=4$,物品的质量和价值如表 8.1 所示,求问题的最优解。

表 8.1　物品的质量和价值

| 编　　号 | 质　　量 | 价　　值 |
| --- | --- | --- |
| 1 | 1 | 2 |
| 2 | 2 | 4 |
| 3 | 3 | 4 |
| 4 | 4 | 5 |

问题分析:已知背包问题是 NP 问题,解空间随着问题规模指数增长,问题的复杂度高。求解背包问题面临对每个物品进行选择与否的决策,按蛮力法进行求解状态空间增长速度快。如果用〈背包剩余容量,背包中物品价值〉表示背包状态,对于 1 号物品的决策可以通过图 8.1 进行表示。

图 8.1　对 1 号物品的决策

对于有 $n$ 个物品的 0-1 背包问题,其状态空间为 $2^n$。

显然,背包问题难以通过穷举法进行有效求解。通过图 8.1 可知,该问题的求解存在子问题重叠,可以考虑使用其他方法进行求解。

1. 使用递推、记忆化搜索方法

该方法需要对问题进行抽象并建模,将其划分为更小的问题,找到递推式,逐步求解,最后求出答案。

考虑第一个物品的决策：假设选择第一个物品可以更优，那么需要对剩下的 $n-1$ 个物品进行决策，此时，背包剩余质量为 $C-w[1]$，原问题转化为求解 $C=C-w[1]$、$n=n-1$ 的子背包问题；假设不选择更优，那么问题转化为求解背包容量为 $C$、$n=n-1$ 的子背包问题。

对于剩下的 $n-1$ 个物品也进行同样的决策，可以按深度优化策略设计如下算法。

```
int dfs(int i, int j){              //决策物品 i,背包容量 C=j
    int ans=0;
    if(dp[i][j]>=0) return dp[i][j]; //子问题已被计算过,则直接返回,不用重复计算
    else if(j<w[i])                 //背包不能放下物品 i,则不选物品 i
        ans=dfs(i+1, j);
    else                            //否则,可以放入物品 i,在选与不选之间进行决策
        ans=max(dfs(i+1, j), dfs(i+1, j-w[i])+v[i]);
    dp[i][j]=ans;                   //填写子问题 n=i,C=j 的最优解
    return dp[i][j];
}
```

这个算法的时间复杂度是 $O(nC)$。因为该算法对状态进行了记录，所以对于重复的状态就不会重复计算，算法性能有显著提升。

**2. 动态规划法求解背包问题**

(1) 设 $dp[i][j]$ 表示子问题 $n=i$、$C=j$ 的最优解。

(2) 状态转移方程：如果选择第 $i$ 个物品，此时的背包容量是 $j$，而前 $i-1$ 个物品决策占用的背包容量是 $j-w[i]$，所以当前状态是从状态 $dp[i-1][j-w[i]]$ 转移过来的。如果此时不选择第 $i$ 个物品，则状态仍然是前 $i-1$ 个物品的决策结果，占用背包容量 $j$，即状态 $dp[i-1][j]$，如图 8.2 所示。

图 8.2　状态转移方程推导

由此得到状态转移方程，如式(8-1)所示。

$$dp[i][j] = \max(dp[i-1][j-w[i]] + v[i], dp[i-1][j]) \tag{8-1}$$

求解过程如下。

1）初始化

如果是求最大值的问题，可以先将所有的状态都初始化为一个最小值；如果是求最小值问题，则可以先将所有的状态都初始化为一个最大值，然后再将一些不需要经过转移就已知的状态进行初始化。问题示例可以根据图 8.3 进行初始化。

|  | 0 | 1 | 2 | 3 | 4 | 5 |
|---|---|---|---|---|---|---|
|  | 0 | 0 | 0 | 0 | 0 | 0 |
| 物品1 | 0 |  |  |  |  |  |
| 物品2 | 0 |  |  |  |  |  |
| 物品3 | 0 |  |  |  |  |  |
| 物品4 | 0 |  |  |  |  |  |

图 8.3　背包问题初始化

2）确定遍历的顺序

根据初始化的表格，可以看出有两个遍历的维度，分别是物品和背包的剩余容量，先遍历物品或者先遍历背包容量都是合法的遍历顺序。

3）递推过程

决策第一个物品，$w[1]=1,v[1]=2$，dp 的转移如图 8.4 所示。

决策第二个物品，$w[2]=2,v[2]=4$，dp 的转移如图 8.5 所示。

|  | 0 | 1 | 2 | 3 | 4 | 5 |
|---|---|---|---|---|---|---|
|  | 0 | 0 | 0 | 0 | 0 | 0 |
| 物品1 | 0 | 2 | 2 | 2 | 2 | 2 |
| 物品2 | 0 |  |  |  |  |  |
| 物品3 | 0 |  |  |  |  |  |
| 物品4 | 0 |  |  |  |  |  |

图 8.4　决策物品 1 的状态转移过程

|  | 0 | 1 | 2 | 3 | 4 | 5 |
|---|---|---|---|---|---|---|
|  | 0 | 0 | 0 | 0 | 0 | 0 |
| 物品1 | 0 | 2 | 2 | 2 | 2 | 2 |
| 物品2 | 0 | 2 | 4 | 6 | 6 | 6 |
| 物品3 | 0 |  |  |  |  |  |
| 物品4 | 0 |  |  |  |  |  |

图 8.5　决策物品 2 的状态转移过程

决策第三个物品，$w[3]=3,v[3]=4$，dp 的转移如图 8.6 所示。

决策第四个物品，$w[4]=4,v[4]=5$，dp 的转移如图 8.7 所示。

|  | 0 | 1 | 2 | 3 | 4 | 5 |
|---|---|---|---|---|---|---|
|  | 0 | 0 | 0 | 0 | 0 | 0 |
| 物品1 | 0 | 2 | 2 | 2 | 2 | 2 |
| 物品2 | 0 | 2 | 4 | 6 | 6 | 6 |
| 物品3 | 0 | 2 | 4 | 6 | 6 | 8 |
| 物品4 | 0 |  |  |  |  |  |

图 8.6　决策物品 3 的状态转移过程

|  | 0 | 1 | 2 | 3 | 4 | 5 |
|---|---|---|---|---|---|---|
|  | 0 | 0 | 0 | 0 | 0 | 0 |
| 物品1 | 0 | 2 | 2 | 2 | 2 | 2 |
| 物品2 | 0 | 2 | 4 | 6 | 6 | 6 |
| 物品3 | 0 | 2 | 4 | 6 | 6 | 8 |
| 物品4 | 0 | 2 | 4 | 6 | 6 | 8 |

图 8.7　决策物品 4 的状态转移过程

完整的递推过程代码如下。

```
for(int i=0;i<=C;i++) dp[0][i]=0;
//先遍历物品,再遍历背包容量
for(int i=1;i<=N;i++){
    for(int j=0;j<=C;j++){
```

```
        if(j >= w[i]) dp[i][j] = max(dp[i-1][j],dp[i-1][j-w[i]]+v[i]);
        else dp[i][j] = dp[i-1][j];
    }
}
```

根据转移方程式(8-1),容易发现表中第 $i$ 行状态只与第 $i-1$ 行状态相关,可以考虑把 dp 数组优化成 2 行的矩阵,如图 8.8 所示。

图 8.8 将 $n \times C$ 矩阵压缩为 $2 \times C$ 的空间

第一行代表 $i-1$ 个物品决策后得到的状态,第二行表示第 $i$ 个物品的决策,其状态可以仅由第一行状态计算得到。当第 $i$ 个物品决策完毕后,第二行的状态可以决定第一行的状态。因此,可以根据 $i$ 的奇偶性交替使用,核心代码如下所示。

```
for(int i=1;i<=N;i++){
  for(int j=0;j<=C;j++){
    if(j >= w[i]) dp[i&1][j] = max(dp[(i-1)&1][j],dp[(i-1)&1][j-w[i]]+v[i]);
    else dp[i&1][j] = dp[(i-1)&1][j];
  }
}
```

在图 8.8 中 $2 \times C$ 维数组基础上根据式(8-1)可知,dp$[1][j]$ 的计算仅与 dp$[0][j]$ 和 dp$[0][j-w[i]]$ 有关,如果将两行数据合并为一行数据,用 dp$[j]$ 表示前 $i-1$ 个物品、背包容量为 $j$ 的子问题的最优解,则状态转移矩阵可以用图 8.9 表示。

图 8.9 将 $2 \times C$ 的空间压缩为 $1 \times C$ 的空间

图 8.9 表明第 $i$ 行的 dp$[j]$ 的计算仅与第 $i-1$ 行的 dp$[j]$ 和 dp$[j-w[i]]$ 相关。假设一维数组中的数据是前 $i-1$ 个物品子问题的求解结果,则在决策第 $i$ 个物品时存在两种决策顺序。如果按照背包容量从小到大的顺序进行决策,由于 $j-w[i] < j$,则 dp$[j-w[i]]$ 的值要先于 dp$[j]$ 被计算,如果在计算过程中 dp$[j-w[i]]$ 的值被修改(不再是 $i-1$ 行的数据)则将导致 dp$[j]$ 的计算结果错误;相反,如果背包容量从大到小的顺序来填充 dp$[j]$,则在位置 $j$ 左方的表格都保持原来的数据(仍然为 $i-1$ 行的数据),由此得到的 dp$[j]$ 中数据则是正确的。当表格内容被填充完毕,即求得前 $i$ 个物品子问题的求解结果。以此类推,最终可以求得原问题的解。

由此可见,背包问题的状态转移矩阵可以进一步压缩为一维数组。在一维数组表示下,状态转移方程如式(8-2)所示:

$$dp[j] = \begin{cases} dp[j], & j < w[i] \\ \max(dp[j], dp[j-w[i]]+v[i]), & j \geq w[i] \end{cases} \tag{8-2}$$

核心代码如下。

```
//先遍历物品,再遍历背包容量
    for(int i=1;i<=N;i++){
        for(int j=C;j>=w[i];j--){
            dp[j] = max(dp[j],dp[j-w[i]]+v[i]);
        }
    }
```

## 8.3.2　最长公共子序列

**例 8.2**　最长公共子序列(Longest Common Subsequence,LCS):给定两个字符串 $s$ 和 $t$,求既是 $s$ 的子序列又是 $t$ 的子序列的最长子序列长度是多少。

示例:求 $s$ = "abccbcac"、$t$ = "accabbcc"的 LCS。

示例的一个 LCS 如图 8.10 所示。

在介绍问题求解之前先举例区分一下子序列、子串(子数组)、子集。假设有一个数组为[1,2,3,4,5,6],那么删除这个数组的一部分元素,得到的就是子序列,如[1,3,5],但是如果数的顺序发生改变就不是子序列,如[3,5,1]这个就不是子序列。

图 8.10　LCS 示例

如果删除开头若干数和结尾若干数,得到的就是子数组,如果一个串删除开头若干字符和结尾若干字符,那么得到的就是子串,如[2,3,4]。序列改变或者下标不是连续的,都不是子数组,如[2,4,5]就不是子数组。

只要集合中所有的数都在数组中存在,那么这个集合就是数组的子集,如[2,6,1]。如果集合存在数组中没有的数,那么这个集合就不是数组的子集,如[2,7,1]就不是子集。

使用深度优先 DFS 进行搜索,LCS 的蛮力解法如下所示。

```
const int maxn = 2e3 +10;
char s[maxn],t[maxn];
bool check(string cur) {
    int len = strlen(t+1), j = 0, m = cur.size();
    if(m == 0) return true;
    for(int i = 1; i <= len; i++) {
        if(cur[j] == t[i]) {
            j++;
            if(j >= m) return true;
        }
    }
    return false;
}
int dfs(string cur,int pos) {
```

```
    int ans = 0;
    if(check(cur)) ans = cur.size();
    int len = strlen(s +1);
    for(int i = pos; i <= len; i++) {
        ans = max(ans, dfs(cur +s[i], i +1));
    }
    return ans;
}
```

对一个序列使用 DFS 求出所有的子序列,然后将这个子序列拼接的串和另一个串进行匹配,可以得到问题的解。如果一个串的大小是 $n$,那么求子序列的复杂度是 $O(2^n)$,很明显这个时间复杂度太高,不宜直接使用蛮力法进行求解。

对于 LCS 问题,可以考虑使用动态规划法进行求解。设 $dp[i][j]$ 表示子 LCS 问题 $s[1..i]$ 和 $t[1..j]$ 的最长公共子序列的长度,则求解 LCS 问题的递推公式为:

当 $s[i]=t[j]$ 时,子 LCS 问题 $dp[i][j]$ 的结果是子问题 $s[1..i-1]$ 和 $t[1..j-1]$ 的最长公共子序列的末尾加上 $s[i]$;否则,分别求 $s[1..i]$ 和 $t[1..j-1]$ 的最长公共子序列和 $s[1..i-1]$ 和 $t[1..j]$ 的最长公共子序列。

由此得到如下状态转移方程:

$$dp[i][j]=\begin{cases} dp[i-1][j-1]+1, & s[i]=t[j] \\ \max(dp[i-1][j],dp[i][j-1]), & s[i]!=t[j] \end{cases} \tag{8-3}$$

LCS 的求解过程主要包括如下 3 个步骤。

### 1. dp 数组的初始化

初始化与 $s$ 串和 $t$ 串无关的状态。因为 $dp[i][0]$ 表示 $s$ 的前面 $i$ 个字符和 $t$ 串的 0 个字符进行匹配,那么很明显最长公共子序列是 0,同理可得:$dp[0][j]=0$。

初始化代码如下。

```
for(int i=1;i<=n;i++){
    for(int j=1;j<=m;j++){
        dp[i][j] = -inf;
    }
}
for(int i=0;i<=n;i++) dp[i][0] = 0;
for(int j=0;j<=m;j++) dp[0][j] = 0;
```

初始化状态如图 8.11 所示。

### 2. 确定遍历顺序

对于 $dp[i][j]$ 的转移方程如式(8-3)所示。在计算状态 $(i,j)$ 之前,$(i-1,j-1)$ 的状态、$(i-1,j)$ 的状态和 $(i,j-1)$ 的状态已存在。如果先枚举 $i$ 再枚举 $j$,那么只需要保证 $i$ 从小到大即可,$j$ 的枚举顺序从大到小或者从小到大都可以。

| s串 | a | b | c | c | b | c | a | c |
|---|---|---|---|---|---|---|---|---|
| t串 0 | 0 | 0 | 0 | 0 | 0 | 0 | 0 | 0 |
| a 0 | | | | | | | | |
| c 0 | | | | | | | | |
| c 0 | | | | | | | | |
| a 0 | | | | | | | | |
| b 0 | | | | | | | | |
| b 0 | | | | | | | | |
| c 0 | | | | | | | | |
| c 0 | | | | | | | | |

图 8.11　LCS 示例问题初始状态

### 3. 举例推导 dp 数组

按照先遍历 $t$ 串再遍历 $s$ 串的顺序填充 dp 数组。因为 $t[1]=$ 'a'，与 $s[1]$ 以及 $s[7]$ 相等，所以这两个状态由左上角的状态得到。其他的状态都是从上面的状态或者左边的状态得到，也就是如图 8.12 所示的状态。

| s串 | a | b | c | c | b | c | a | c | |
|---|---|---|---|---|---|---|---|---|---|
| t串 0 | 0 | 0 | 0 | 0 | 0 | 0 | 0 | 0 | |
| a 0 | 1 | 1 | 1 | 1 | 1 | 1 | 1 | 1 | ← |
| c 0 | | | | | | | | | |
| c 0 | | | | | | | | | |
| a 0 | | | | | | | | | |
| b 0 | | | | | | | | | |
| b 0 | | | | | | | | | |
| c 0 | | | | | | | | | |
| c 0 | | | | | | | | | |

图 8.12　第一行状态计算过程

同理，第二行状态可依图 8.13 进行计算得到。

| s串 | a | b | c | c | b | c | a | c | |
|---|---|---|---|---|---|---|---|---|---|
| t串 0 | 0 | 0 | 0 | 0 | 0 | 0 | 0 | 0 | |
| a 0 | 1 | 1 | 1 | 1 | 1 | 1 | 1 | 1 | |
| c 0 | 1 | 1 | 2 | 2 | 2 | 2 | 2 | 2 | ← |
| c 0 | | | | | | | | | |
| a 0 | | | | | | | | | |
| b 0 | | | | | | | | | |
| b 0 | | | | | | | | | |
| c 0 | | | | | | | | | |
| c 0 | | | | | | | | | |

图 8.13　第二行状态计算过程

以此类推，最终求得所有状态，如图 8.14 所示。

右下角元素 6 即为序列 $s$ 与 $t$ 的最长公共子序列的长度。

完整的代码如下。

```
const int inf = 0x3f3f3f3f;
```

| s串 | a | b | c | c | b | c | a | c |
|---|---|---|---|---|---|---|---|---|
| t串 0 | 0 | 0 | 0 | 0 | 0 | 0 | 0 | 0 |
| a 0 | 1 | 1 | 1 | 1 | 1 | 1 | 1 | 1 |
| c 0 | 1 | 1 | 2 | 2 | 2 | 2 | 2 | 2 |
| c 0 | 1 | 1 | 2 | 3 | 3 | 3 | 3 | 3 |
| a 0 | 1 | 1 | 2 | 3 | 3 | 3 | 4 | 4 |
| b 0 | 1 | 2 | 2 | 3 | 4 | 4 | 4 | 4 |
| b 0 | 1 | 2 | 2 | 3 | 4 | 4 | 4 | 4 |
| c 0 | 1 | 2 | 3 | 3 | 4 | 5 | 5 | 5 |
| c 0 | 1 | 2 | 3 | 4 | 4 | 5 | 5 | 6 |

图 8.14    示例问题状态矩阵

```cpp
const int maxn = 2e3 +10;
int dp[maxn][maxn];
char s[maxn],t[maxn];
int main(){
    scanf("%s%s",s+1,t+1);
    int n = strlen(s+1),m = strlen(t+1);
    for(int i=1;i<=n;i++){
        for(int j=1;j<=m;j++){
            dp[i][j] = -inf;
        }
    }
    for(int i=0;i<=n;i++) dp[i][0] = 0;
    for(int j=0;j<=m;j++) dp[0][j] = 0;
    for(int i=1;i<=n;i++){
        for(int j=1;j<=m;j++){
            if(s[i] == t[j]) dp[i][j] = dp[i-1][j-1]+1;
            else dp[i][j] = max(dp[i][j-1],dp[i-1][j]);
        }
    }
    printf("%d\n",dp[n][m]);
    return 0;
}
```

拓展：输出一种 LCS 的构造方案(任意一种就行)。

根据状态转移方程式(8-3)，按照如下 3 种情况从最右下角的元素开始往回推导。

(1) 如果 $dp[i][j] = dp[i-1][j-1]+1$，说明 $s[i] = t[j]$，$dp[i][j]$ 由子问题 $dp[i-1][j-1]$ 得到。

(2) $dp[i][j] = dp[i-1][j]$，说明 $dp[i][j]$ 由子问题 $dp[i-1][j]$ 得到。

(3) $dp[i][j] = dp[i][j-1]$，说明 $dp[i][j]$ 由子问题 $dp[i][j-1]$ 得到。

根据这 3 条从最右下角元素往回推，直到左上角，得到的路径即为构成 LCS 的元素。示例所示问题的公共子序列为 accbcc，如图 8.15 所示。

完整的求 LCS 代码如下。

```cpp
string ans = "";
int x = n,y = m;
```

| s串 | a | b | c | c | b | c | a | c |
|---|---|---|---|---|---|---|---|---|
| t串 | 0 | 0 | 0 | 0 | 0 | 0 | 0 | 0 |
| a | 0 | 1 | 1 | 1 | 1 | 1 | 1 | 1 | 1 |
| c | 0 | 1 | 1 | 2 | 2 | 2 | 2 | 2 | 2 |
| c | 0 | 1 | 1 | 2 | 3 | 3 | 3 | 3 | 3 |
| a | 0 | 1 | 1 | 2 | 3 | 3 | 3 | 4 | 4 |
| b | 0 | 1 | 2 | 2 | 3 | 4 | 4 | 4 | 4 |
| b | 0 | 1 | 2 | 2 | 3 | 4 | 4 | 4 | 4 |
| c | 0 | 1 | 2 | 3 | 3 | 4 | 5 | 5 | 5 |
| c | 0 | 1 | 2 | 3 | 4 | 4 | 5 | 5 | 6 |

图 8.15　确定 LCS 的构造方案

```
while(x>0&&y>0){
    if(dp[x][y] == dp[x-1][y-1]+1){
        ans = s[x] +ans;
        x --,y--;
    }
    else if(dp[x][y] == dp[x-1][y]) x--;
    else y--;
}
cout<<ans<<endl;
```

### 8.3.3　最长上升子序列

例 8.3　最长上升子序列(Longest Increasing Subsequence,LIS)就是在给定序列中求出一段严格上升的子序列(不一定要连续)。给定一个长度为 $n$ 的数列 $a$,求数值严格单调递增的子序列的长度最长是多少。

示例：求 $n=7$、$a=\{3,1,2,1,8,5,6\}$ 的 LIS。

使用动态规划求解 LIS 的过程如下。

**1. 确定 dp 数组以及下标的含义**

设 $dp[i]$ 表示以 $a[i]$ 结尾的最长的上升子序列的长度。根据 dp 的定义,最终结果应该是 dp 数组中的最大值,代码如下。

```
int ans = 1;
for(int i=1;i<=n;i++){
    ans = max(ans,dp[i]);
}
printf("%d\n",ans);
```

**2. 确定递推公式**

$dp[i]$ 表示以 $a[i]$ 结尾的最长上升子序列的长度。假设在确定 $dp[1..4]$ 后,$dp[5]$ 的计算需要遍历 $[1,4]$ 这个区间,找到所有的 $j$,满足 $a[j]<a[i]$,那么 $dp[i]=\max(dp[j]+1)$。

所以状态转移方程如式(8-4)所示。

$$dp[i]=\max(1,dp[j])+(j<i\&\&a[j]<a[i]) \tag{8-4}$$

核心代码如下。

```
for(int i=1;i<=n;i++){
    for(int j=1;j<i;j++){
        if(a[i]>a[j]) dp[i] = max(dp[i],dp[j]+1);
    }
}
```

### 3. dp 数组初始化

把 dp 数组初始化为最小值,因为对于每一个位置最小的最长上升子序列的长度是 1,所以初始化为 1,dp[0]=0。

初始化代码如下。

```
dp[0] = 0;
for(int i=1;i<=n;i++) dp[i] = 1;
```

初始化的 dp 数组状态如图 8.16 所示。

### 4. 确定遍历的顺序

根据 dp 的状态转移方程式(8-4)可知 dp[$i$]和前面的状态 dp[$j$]有关,因此求 dp[$i$]之前需要先知道 dp[$j$],所以枚举 $i$ 的顺序从小到大,$j$ 的顺序从大到小和从小到大都可以。

### 5. 举例推导 dp 数组

LIS 问题的初始状态如图 8.17 所示。

图 8.16　LIS 的初始状态

图 8.17　LIS 示例问题的初始状态

开始遍历 $i=1$,$a[1]=3$,此时没有任何变化。

$i=2$,$a[2]=1$,因为 $a[1]>a[2]$,所以没有更新。

$i=3$,$a[3]=2$,因为 $a[2]<a[3]$,所以 dp[3]=2,状态如图 8.18 所示。

以此类推,得到最后的 dp 状态如图 8.19 所示。

图 8.18　LIS 状态转移计算示例

图 8.19　LIS 示例问题的最终状态

示例所示问题的最长上升子序列为 4。

完整代码如下。

```
const int inf = 0x3f3f3f3f;
const int maxn = 1e4 +10;
int dp[maxn],a[maxn];
int main(){
    int n;
    scanf("%d",&n);
    for(int i=1;i<=n;i++) scanf("%d",&a[i]);
    dp[0] = 0;
    for(int i=1;i<=n;i++) dp[i] = 1;
    for(int i=1;i<=n;i++){
        for(int j=1;j<i;j++){
            if(a[i]>a[j]) dp[i] = max(dp[i],dp[j]+1);
        }
    }
    int ans = 1;
    for(int i=1;i<=n;i++){
        ans = max(ans,dp[i]);
    }
    printf("%d\n",ans);
    return 0;
}
```

LIS 问题可以采用二分优化解法进行算法优化。对于前面 $i$ 个数,如果已经求出了长度为 len 的一个最长上升子序列,那么希望这个序列的末尾值越小越好,因为值越小最后得到的 LIS 就可能越长。

1)确定 dp 数组以及下标的含义

按照贪心法的思路,设 dp[$i$]表示长度为 $i$ 的 LIS 结尾元素的最小值。

2)确定递推公式

假设枚举到 $i$,此时的 LIS 最长为 len,接下来判断 $a[i]$是否大于 dp[len],如果大于则把 $a[i]$放入 dp[len+1]这个位置,len+=1。如果小于或等于则找 dp 数组的第一个比 $a[i]$要大的位置,假设该位置是 $j$,则置 dp[$j$]=$a[i]$。由于 dp[$j$]表示长度为 $j$ 的 LIS 结尾元素的最小值,枚举到 $a[i]$之后的最小值是 $a[i]$,而不是之前的 dp[$j$],所以需要进行更新。由于 dp 具有单调性,可以利用二分查找法确定 $j$ 的位置。

3)dp 数组初始化

将第 0 个位置初始化为 $-$inf。

4)确定遍历的顺序

因为这个是求的最长上升子序列,顺序不能改变,所以是从前往后枚举 $a$ 数组。

5)举例推导 dp 数组

$i=1$,$a[1]=3$,此时的状态是 dp[1]=$a[1]$=3,如图 8.20 所示。

$i=2$,$a[2]=1$,此时的状态是 dp[1]=$a[2]$=1,如图 8.21 所示。

$i=3$,$a[3]=2$,此时的状态是 $a[3]>$dp[1],所以 dp[2]=2,如图 8.22 所示。

$i=4,a[4]=1$,此时的状态没有任何改变,如图 8.23 所示。

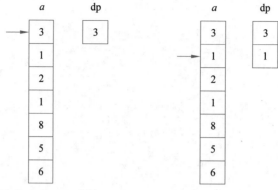

图 8.20   $i=1,a[1]=3$                    图 8.21   $i=2,a[2]=1$

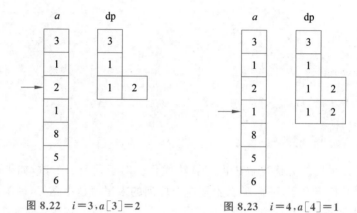

图 8.22   $i=3,a[3]=2$                    图 8.23   $i=4,a[4]=1$

$i=5,a[5]=8,a[5]>dp[2]$,所以 $dp[3]=a[5]=8$,如图 8.24 所示。

$i=6,a[6]=6,a[6]<dp[3]$,但是可以更新 $dp[3]=5$,如图 8.25 所示。

图 8.24   $i=5,a[5]=8$                    图 8.25   $i=6,a[6]=6$

$i=7,a[7]=6,a[7]>dp[3]$,所以 $dp[4]=6$,如图 8.26 所示。

图 8.26 　$i=7, a[7]=6$

完整代码如下。

```
const int inf = 0x3f3f3f3f;
const int maxn = 1e4 +10;
int dp[maxn],a[maxn];
int main() {
    int n;
    scanf("%d", &n);
    for(int i = 1; i <= n; i++) scanf("%d", &a[i]);
    dp[0] = -inf;
    int ans = 0;
    for(int i = 1; i <= n; i++) {
        if(a[i] > dp[ans]) {
            ++ans;
            dp[ans] = a[i];
        } else {
            int l = 1, r = ans, res = 0;
            while(l <= r) {
                int mid = (l +r) >> 1;
                if(dp[mid] >= a[i]) {
                    res = mid;
                    r = mid -1;
                } else l = mid +1;
            }
            dp[res] = a[i];
        }
    }
    printf("%d\n",ans);
    return 0;
}
```

字符串相
似度/编
辑距离

### 8.3.4 字符串相似度/编辑距离

**例 8.4** 设 $A$ 和 $B$ 是两个字符串,求将字符串 $A$ 转换为字符串 $B$ 的最少操作次数。字符操作共有如下 3 种。

(1) 删除一个字符。

(2) 插入一个字符。

(3) 将一个字符改为另一个字符。

如 $A=$ "sfdqxbw"、$B=$ "gfdgw",求编辑距离。

示例问题解释如图 8.27 所示。

图 8.27 字符编辑问题示例

接下来按照如下步骤进行问题求解。

**1. 确定 dp 数组以及下标的含义**

设 $dp[i][j]$ 表示 $A$ 字符串前 $i$ 个字符变为字符串 $B$ 前 $j$ 个字符的最小操作数。

**2. 确定递推公式**

子问题的递推关系要按照题目给定 3 种操作进行,分别是删除、替换、插入。对应 3 种转移方案如下。

(1) 删除 $A[i]$,计算 $A[1..i-1]$ 和 $B[1..j]$ 的编辑距离。

(2) 将 $A[i]$ 替换成 $B[j]$,计算 $A[1..i-1]$ 和 $B[1..j-1]$ 的编辑距离。

(3) 在 $A[i]$ 后面插入一个 $B[j]$,计算 $A[1..i]$ 和 $B[1..j-1]$ 的编辑距离。

对于这 3 种方案,找出其中操作最少的一个方案进行转移即可,状态转移方程如式(8-5)所示。

$$dp[i][j] = \begin{cases} dp[i-1][j]+1 \\ dp[i][j-1]+1 \\ dp[i-1][j-1]+1 \end{cases} \tag{8-5}$$

式(8-5)针对 $A[i]$ 和 $B[j]$ 不相等的情况。如果 $A[i]$ 和 $B[j]$ 相等,则不需要替换这个操作,所以一共有两种情况。

(1) 当 $A[i]!=B[j]$ 时可以选择替换、删除或者插入操作。

(2) 当 $A[i]=B[j]$ 时不需要进行任何操作。

最终的递推关系如式(8-6)所示。

$$dp[i][j] = \begin{cases} dp[i-1][j-1], & A[i]=B[j] \\ 1+\min \begin{cases} dp[i-1][j] \\ dp[i][j-1] \\ dp[i-1][j-1] \end{cases} & A[i]!=B[j] \end{cases} \tag{8-6}$$

### 3. dp 数组初始化

因为问题是求解最小值,所以先将状态矩阵初始化为一个最大值。然后把与字符串无关的状态初始化,即 $dp[i][0]=i,dp[0][j]=j$。初始化代码如下。

```
for(int i=1;i<=n;i++){
    for(int j=1;j<=m;j++){
        dp[i][j] = inf;
    }
}
for(int i=0;i<=n;i++) dp[i][0] = 0;
for(int j=0;j<=m;j++) dp[0][j] = 0;
```

初始化的 dp 状态如图 8.28 所示。

### 4. 确定遍历的顺序

根据 dp 的状态转移方程式(8-6)可知,$(i,j)$的状态是由 3 种状态$(i-1,j-1)$、$(i-1,j)$、$(i,j-1)$其中之一转移过来的,所以需要从小到大枚举 $i$ 和 $j$。

### 5. 举例推导 dp 数组

枚举 $B[1]$,因为 $A$ 字符串中没有任何一个位置的字符和 $B[1]$相同,所以 dp 状态如图 8.29 所示。

| $A$串 | | s | f | d | q | x | b | w |
|---|---|---|---|---|---|---|---|---|
| $B$串 | 0 | 1 | 2 | 3 | 4 | 5 | 6 | 7 |
| g | 1 | | | | | | | |
| f | 2 | | | | | | | |
| d | 3 | | | | | | | |
| g | 4 | | | | | | | |
| w | 5 | | | | | | | |

图 8.28　编辑问题状态初始化

| $A$串 | | s | f | d | q | x | b | w |
|---|---|---|---|---|---|---|---|---|
| $B$串 | 0 | 1 | 2 | 3 | 4 | 5 | 6 | 7 |
| g | 1 | 1 | 2 | 3 | 4 | 5 | 6 | 7 |
| f | 2 | | | | | | | |
| d | 3 | | | | | | | |
| g | 4 | | | | | | | |
| w | 5 | | | | | | | |

图 8.29　第一行状态计算过程

枚举 $B[2]$,因为 $A$ 字符串 $A[2]$的位置等于 $B[2]$,所以 dp 状态如图 8.30 所示。

以此类推,可以得到最终状态如图 8.31 所示。

| $A$串 | | s | f | d | q | x | b | w |
|---|---|---|---|---|---|---|---|---|
| $B$串 | 0 | 1 | 2 | 3 | 4 | 5 | 6 | 7 |
| g | 1 | 1 | 2 | 3 | 4 | 5 | 6 | 7 |
| f | 2 | 2 | 1 | 2 | 3 | 4 | 5 | 6 |
| d | 3 | | | | | | | |
| g | 4 | | | | | | | |
| w | 5 | | | | | | | |

图 8.30　第二行状态计算过程

| $A$串 | | s | f | d | q | x | b | w |
|---|---|---|---|---|---|---|---|---|
| $B$串 | 0 | 1 | 2 | 3 | 4 | 5 | 6 | 7 |
| g | 1 | 1 | 2 | 3 | 4 | 5 | 6 | 7 |
| f | 2 | 2 | 1 | 2 | 3 | 4 | 5 | 6 |
| d | 3 | 3 | 2 | 1 | 2 | 3 | 4 | 5 |
| g | 4 | 4 | 3 | 2 | 2 | 3 | 4 | 5 |
| w | 5 | 5 | 4 | 3 | 3 | 3 | 4 | 4 |

图 8.31　最终状态矩阵

示例所示问题的编辑距离是 4。

完整代码如下。

```
const int inf = 0x3f3f3f3f;
```

```
const int maxn = 2e3 +10;
int dp[maxn][maxn];
char A[maxn],B[maxn];
int main(){
    scanf("%s%s",A+1,B+1);
    int n = strlen(A+1),m = strlen(B+1);
    for(int i=1;i<=n;i++){
        for(int j=1;j<=m;j++){
            dp[i][j] = inf;
        }
    }
    for(int i=0;i<=n;i++) dp[i][0] = i;
    for(int j=0;j<=m;j++) dp[0][j] = j;
    for(int i=1;i<=n;i++){
        for(int j=1;j<=m;j++){
            if(A[i] == B[j]) {
                dp[i][j] = dp[i-1][j-1];
                dp[i][j] = min(dp[i-1][j]+1,dp[i][j]);
                dp[i][j] = min(dp[i][j-1]+1,dp[i][j]);
            }
            else {
                dp[i][j] = min(dp[i][j],dp[i-1][j]+1);
                dp[i][j] = min(dp[i][j],dp[i][j-1]+1);
                dp[i][j] = min(dp[i][j],dp[i-1][j-1]+1);
            }
            printf("%d ",dp[i][j]);
        }
        printf("\n");
    }
    printf("%d\n",dp[n][m]);
    return 0;
}
```

### 8.3.5 最大子段和

**例 8.5** 从长度为 $n$ 的序列中选出连续且非空的一段使得这段元素之和最大。

示例：求 $n=7$、$a=\{2,-4,3,-1,2,-4,3\}$ 的最大子段和。

对于这个问题，可以考虑先记录序列的前缀和，然后以 $O(n^2)$ 的复杂度去枚举区间的两个端点，代码如下。

```
const int maxn = 1e4 +10;
int sum[maxn];
int main(){
    int n;
```

```
    scanf("%d",&n);
    sum[0] = 0;
    for(int i=1;i<=n;i++){
        scanf("%d",&sum[i]);
        sum[i] += sum[i-1];
    }
    int ans = 0;
    for(int i=1;i<=n;i++){
        for(int j=0;j<i;j++){
            ans = max(ans,sum[i] -sum[j]);
        }
    }
    printf("%d\n",ans);
    return 0;
}
```

当题目的 $n$ 过大时,使用 $n \times n$ 的蛮力枚举无法有效求解问题,应该要考虑使用时间复杂度更低的做法。求序列的最大子段和的子问题是求每一个位置结尾的最大子段和。

假设要求以第 $i$ 个位置结尾的最大子段和,如图 8.32 所示。

图 8.32　求以第 $i$ 个位置结尾的最大子段和

对于第 $i$ 个位置,有两种选择,第一种就是把这个位置和前面 $i-1$ 的最大子段和拼接起来,第二种就是以 $i$ 这个位置作为子段的源点,如图 8.33 所示。

图 8.33　以第 $i$ 个位置结尾的最大子段和的求解思路

图 8.33 可以进一步归纳为图 8.34 所示的求解思路。

用动态规划求解最大子段和的步骤如下。

**1. 确定 dp 数组以及下标的含义**

设 $dp[i]$ 为以 $a[i]$ 为结尾的最大连续子段和。

图 8.34    最大子段和子问题求解思路

**2. 确定递推公式**

（1）第 $i$ 个位置和前面 $i-1$ 的最大子段和进行拼接。

（2）第 $i$ 个位置不与前面进行拼接,而是以 $i$ 为源点和终点的最大字段和。

最终可以得到转移方程,如式(8-7)所示。

$$dp[i] = \begin{cases} dp[i-1] + a[i] \\ a[i] \end{cases} \tag{8-7}$$

**3. dp 数组初始化**

数组先初始化为最小值,并置 $dp[0]=0$。

**4. 确定遍历的顺序**

因为 $i$ 的状态需要由 $i-1$ 的状态转移过来,所以首先要求 $i-1$ 的状态,因此 $i$ 从小到大遍历即可。

**5. 举例推导 dp 数组**

先枚举 $a[1]=2$,因为 $dp[0]=0$,所以两种转移的结果相同,$dp[1]=a[1]$,如图 8.35 所示。

枚举 $a[2]=-4$,因为 $dp[1]=2$,所以第一种转移更优,执行 $dp[2]=dp[1]+a[2]=-2$,如图 8.36 所示。

图 8.35    状态数组计算过程 1                    图 8.36    状态数组计算过程 2

枚举 $a[3]=3$,因为 $dp[2]=-2$,所以第二种转移更优,执行 $dp[3]=a[3]=3$,如图 8.37 所示。

以此类推,最终状态数组如图 8.38 所示。dp 中最大值 4 即为所示最大子段和。

图 8.37 更优的状态转移 图 8.38 示例问题最终状态数组

完整代码如下。

```
const int inf = 0x3f3f3f3f;
const int maxn = 1e5 +10;
int dp[maxn],a[maxn];
int main(){
    int n;
    scanf("%d",&n);
    for(int i=1;i<=n;i++){
        scanf("%d",&a[i]);
    }
    for(int i=1;i<=n;i++) dp[i] = -inf;
    dp[0] = 0;
    int ans = -inf;
    for(int i=1;i<=n;i++){
        dp[i] = max(a[i],dp[i-1]+a[i]);
        ans = max(ans,dp[i]);
    }
    printf("%d\n",ans);
    return 0;
}
```

## ◆ 8.4 能 力 拓 展

带通配符
的字符串
匹配

### 8.4.1 带通配符的字符串匹配

例 8.6 给定一个字符串 $s$ 和字符串 $p$，字符串 $s$ 只包含小写字母，字符串 $p$ 包含小写字母和字符 '?' 和 '*'。其中 '?' 可以匹配任何单个字符，'*' 可以匹配任意字符串（包括空字符串）。字符串 $s$ 和字符串 $p$ 是否能够完全匹配？如果是输出 yes，否则输出 no。

示例：判断 $s=$ "adceb"、$p=$ "*a*b" 是否匹配。

问题如图 8.39 所示。

对于该问题，共存在如下 3 类字符。

（1）普通的小写字母。

（2）'*' 可以匹配任意的字符串，包括空字符串。

（3）'?' 可以匹配任意单个字符。

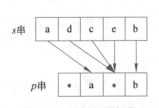

图 8.39 示例问题解释

第一种情况

$s$串

$p$串

第二种情况

$s$串

$p$串

第三种情况

$s$串

$p$串

图 8.40　3 种字符匹配情况

因此,存在如下 3 种匹配情况。

(1) 小写字母对小写字母。

如果 $s[i]=p[j]$,那么只需要判断 $s[1..i-1]$ 和 $p[1..j-1]$ 是否匹配就行。

如果 $s[i]!=p[j]$,那么 $s[1..i]$ 和 $p[1..j]$ 就是不匹配的。

(2) 小写字母对'?'。

因为'?'可以匹配任意字母,所以只需要判断 $s[1..i-1]$ 和 $p[1..j-1]$ 是否匹配即可。

(3) 小写字母对'*'。

因为'*'可以匹配任意字符串,需要判断: $s[1..i]$ 和 $p[1..j-1]$ 是否匹配,或者 $s[1..i-1]$ 和 $p[1..j-1]$ 是否匹配,或者 $s[1..i-2]$ 和 $p[1..j-1]$ 是否匹配,以此类推。

3 种匹配情况如图 8.40 所示。

在用动态规划求解问题时可以通过观察每一步转移方式来发现它们之间的共性。显然,在该问题中子问题的解决方法和原问题是一样的,所以可以总结出一种转移方法,如图 8.41 所示。

图 8.41　字符匹配状态转移方程

接下来按照如下步骤进行问题求解。

**1. 确定 dp 数组以及下标的含义**

设 $dp[i][j]$ 表示 $s$ 的前 $i$ 个字符是否能和 $p$ 的前 $j$ 个字符匹配。

**2. 确定递推公式**

(1) 如果 $p[j]$ 是小写字母,直接进行判断 $s[i]$ 是否等于 $p[j]$。

(2) 如果 $p[j]$ 是 '?' 这个字符,表示可以和任意一个小写字母匹配,所以 $s[i]$ 和 $p[j]$ 成功匹配。

(3) 如果 $p[j]$ 是'*'这个字符,表示可以和任意一个长度的字符串匹配,所以需要枚举此时的'*'和 $s$ 串中哪个位置到 $i$ 位置可以成功匹配。

由此可以得到如下状态转移方程。

(1) 如果 $p[j]$ 是小写字母：$dp[i][j]=dp[i-1][j-1]\ \&\&\ s[i]==p[j]$。

(2) 如果 $p[j]$ 是 '?'，$dp[i][j]=dp[i-1][j-1]$。

(3) 如果 $p[j]$ 是 '*'，$dp[i][j]=dp[i][j-1]\ ||\ dp[i-1][j-1]\ ||\ dp[i-2][j-1]\ ||$ $\cdots dp[0][j-1]$。

对于第三个式子，状态转移方程的复杂度是 $O(n)$，$n$ 表示 $s$ 串的大小，复杂度过高，考虑对这个式子进行优化。

因为 $p[j]=$'*'，$dp[i][j]=dp[i][j-1]\ ||\ dp[i-1][j-1]\ ||\ \cdots\ ||\ dp[0][j-1]$，容易发现 $dp[i-1][j]=dp[i-1][j-1]\ ||\ dp[i-2][j-1]\ ||\ \cdots dp[0][j-1]$，因此，$dp[i][j]=$ $dp[i][j-1]\ ||\ dp[i-1][j]$，此时复杂度降到了 $O(1)$。

最终的转移方程如式(8-8)所示。

$$dp[i][j]=\begin{cases} dp[i-1][j-1]\ 并且\ s[i]==p[j], & \text{'a'} \leqslant p[j] \leqslant \text{'z'} \\ dp[i-1][j-1], & p[j]=\text{'?'} \\ dp[i][j-1]\ ||\ dp[i-1][j], & p[j]=\text{'*'} \end{cases} \tag{8-8}$$

**3. dp 数组初始化**

因为要判断是否匹配，所以 dp 数组定义成 bool 数组即可，并初始化为不匹配。然后对于与字符串无关的状态初始化，如 $dp[0][0]=$true。

该问题需要注意的是，要把 $dp[0][j]$ 和 $dp[i][0]$ 的一部分状态进行初始化。虽然这部分可以直接放在状态转移的代码里，但由于需要特判，为了使得代码简洁，考虑放在初始化中。初始化后 dp 的状态如图 8.42 所示。

| $p$串 | * | a | * | b |
|---|---|---|---|---|
| $s$串 | 1 | 1 | 0 | 0 | 0 |
| a | 0 | 0 | 0 | 0 | 0 |
| d | 0 | 0 | 0 | 0 | 0 |
| c | 0 | 0 | 0 | 0 | 0 |
| e | 0 | 0 | 0 | 0 | 0 |
| b | 0 | 0 | 0 | 0 | 0 |

图 8.42 状态矩阵初始化

**4. 确定遍历的顺序**

根据状态转移方程式(8-8)可知，计算状态$(i,j)$需要使用状态$(i-1,j-1)$、$(i,j-1)$、$(i-1,j)$，所以 $i$ 和 $j$ 需要从小到大遍历。

**5. 举例推导 dp 数组**

枚举 $s[1]=$'a'，可以和 $p[1..1]$、$p[1..2]$ 以及 $p[1..3]$ 匹配，所以此时的 dp 状态如图 8.43 所示。

枚举 $s[2]=$'d'，$s[1]$ 和 $s[2]$ 组合在一起，可以和 $p[1..1]$ 以及 $p[1..3]$ 匹配，所以此时的 dp 状态如图 8.44 所示。

| $p$串 | * | a | * | b |
|---|---|---|---|---|
| $s$串 | 1 | 1 | 0 | 0 | 0 |
| a | 0 | 1 | 1 | 1 | 0 |
| d | 0 | 0 | 0 | 0 | 0 |
| c | 0 | 0 | 0 | 0 | 0 |
| e | 0 | 0 | 0 | 0 | 0 |
| b | 0 | 0 | 0 | 0 | 0 |

图 8.43 第一行状态计算过程

| $p$串 | * | a | * | b |
|---|---|---|---|---|
| $s$串 | 1 | 1 | 0 | 0 | 0 |
| a | 0 | 1 | 1 | 1 | 0 |
| d | 0 | 1 | 0 | 1 | 0 |
| c | 0 | 0 | 0 | 0 | 0 |
| e | 0 | 0 | 0 | 0 | 0 |
| b | 0 | 0 | 0 | 0 | 0 |

图 8.44 第二行状态计算过程

166

枚举 $s[3] = $ 'c',此时可以和 $p[1..1]$ 以及 $p[1..3]$ 匹配,所以 dp 的状态如图 8.45 所示。

枚举 $s[4] = $ 'e',只能和 $p[1..1]$ 以及 $p[1..3]$ 匹配,dp 状态如图 8.46 所示。

| $p$串 | * | a | * | b |
|---|---|---|---|---|
| $s$串 1 | 1 | 0 | 0 | 0 |
| a 0 | 1 | 1 | 1 | 0 |
| d 0 | 1 | 0 | 1 | 0 |
| c 0 | 1 | 0 | 1 | 0 |
| e 0 | 0 | 0 | 0 | 0 |
| b 0 | 0 | 0 | 0 | 0 |

图 8.45  第三行状态计算过程

| $p$串 | * | a | * | b |
|---|---|---|---|---|
| $s$串 1 | 1 | 0 | 0 | 0 |
| a 0 | 1 | 1 | 1 | 0 |
| d 0 | 1 | 0 | 1 | 0 |
| c 0 | 1 | 0 | 1 | 0 |
| e 0 | 1 | 0 | 1 | 0 |
| b 0 | 0 | 0 | 0 | 0 |

图 8.46  第四行状态计算过程

最后枚举 $s[5] = $ 'b',因为 $p[4] = s[5]$,所以此时可以和 $p[1..1]$、$p[1..3]$ 以及 $p[1..4]$ 匹配,最后的状态如图 8.47 所示。

| $p$串 | * | a | * | b |
|---|---|---|---|---|
| $s$串 1 | 1 | 0 | 0 | 0 |
| a 0 | 1 | 1 | 1 | 0 |
| d 0 | 1 | 0 | 1 | 0 |
| c 0 | 1 | 0 | 1 | 0 |
| e 0 | 1 | 0 | 1 | 0 |
| b 0 | 0 | 0 | 1 | 1 |

图 8.47  最终状态矩阵

最右下角元素表示两个字符串可以匹配,即 $s = $ "adceb"、$p = $ " * a * b"能够匹配。

完整代码如下所示。

```
const int maxn = 1e3 +10;
bool dp[maxn][maxn];
char s[maxn],p[maxn];
int main() {
    scanf("%s%s", s +1, p +1);
    int n = strlen(s +1), m = strlen(p +1);
    for(int i = 0; i <= n; i++) {
        for(int j = 0; j <= m; j++) {
            dp[i][j] = false;
        }
    }
    dp[0][0] = true;
    for(int i = 1; i <= m; i++) {
        if(p[i] != ' * ') break;
        dp[0][i] = true;
    }
    for(int i = 1; i <= n; i++) {
        for(int j = 1; j <= m; j++) {
```

```
            if(p[j] == '? ') dp[i][j] = dp[i -1][j -1];
            else if(p[j] == '*') dp[i][j] = dp[i][j -1] || dp[i -1][j];
            else dp[i][j] = dp[i -1][j -1] && s[i] == p[j];
        }
    }
    for(int i=0;i<=n;i++){
        for(int j=0;j<=m;j++){
            printf("%d ",dp[i][j]);
        }
        printf("\n");
    }
    printf("%s\n", dp[n][m] ? "yes" : "no");
    return 0;
}
```

### 8.4.2　拼图

利用如下两种形状(见图 8.48)进行拼图,每种形状数量不限,且可以随意以 $90°$ 倍数旋转。请问拼满一块 $2×n$ 的区域一共有多少种方案(考虑到答案可能很大,请用结果对 1000000007 取模)。

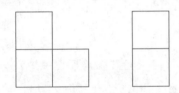

图 8.48　拼图形状

解题思路:每一列区域拼图存在 3 种状态,分别用 0 表示该列区域拼图全拼满,用 1 表示该列区域上部为空,用 2 表示该列区域下部为空。可用 $dp[i,j]$ 表示第 $i$ 列区域状态为 $j$ 的拼法数量。

按照如下 3 种情况考虑状态转移公式。

(1) 拼满第 $i$ 列的方案数量为 $dp[i,0]$,可以由以下 4 种情况进行计算。

① 第 $i-2$ 列全部拼满,此时按照图 8.49(a)的方案可以将第 $i$ 列拼满,因此,方案数量为 $dp[i-2,0]$。

② 第 $i-1$ 列全部拼满,此时按照图 8.49(b)的方案可以将第 $i$ 列拼满,因此,方案数量为 $dp[i-1,0]$。

③ 第 $i-1$ 列上部为空,此时按照图 8.49(c)的方案可以将第 $i$ 列拼满,因此,方案数量为 $dp[i-1,1]$。

④ 第 $i-1$ 列下部为空,此时按照图 8.49(d)的方案可以将第 $i$ 列拼满,因此,方案数量为 $dp[i-1,2]$。

总结以上 4 种情况可知拼满第 $i$ 列存在如下状态转移关系:
$$dp[i,0]=dp[i-2,0]+dp[i-1,0]+dp[i-1,1]+dp[i-1,2]$$

(2) 拼满第 $i$ 列下部的方案数量可根据如下两种情况进行计算。

① 第 $i-2$ 列拼满的情况下按照图 8.50(a)可以拼满第 $i$ 列的下部,因此,方案数为 $dp[i-2,0]$。

② 第 $i-1$ 列上部拼满的情况下按照图 8.50(b)可以拼满第 $i$ 列的下部,因此,方案数

图 8.49　拼满第 $i$ 列的状态转移关系

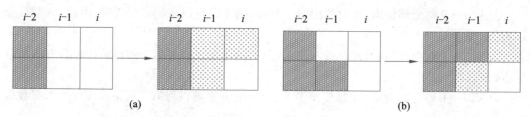

图 8.50　拼满第 $i$ 列下部的状态转移关系

为 $dp[i-1,2]$。

因此,拼满第 $i$ 列下部的状态转移公式为
$$dp[i,1]=dp[i-2,0]+dp[i-1,2]$$

（3）拼满第 $i$ 列上部的方案数量可根据如下两种情况计算。

① 第 $i-2$ 列拼满的情况下,可以根据图 8.51(a)拼满第 $i$ 列的上部,因此,方案数量为 $dp[i-2,0]$。

图 8.51　拼满第 $i$ 列上部的状态转移关系

② 第 $i-1$ 列下部拼满的情况下,可以根据图 8.51(b)拼满第 $i$ 列的上部,因此,方案数量为 $dp[i-1,1]$。

因此,拼满第 $i$ 列上部的状态转移公式为
$$dp[i,2]=dp[i-2,0]+dp[i-1,1]$$

对于 $n=6$ 的问题,可根据如下数值进行初始化:

$dp[1,0]=1$、$dp[1,1]=0$、$dp[1,2]=2$、$dp[2,0]=2$、$dp[2,1]=1$、$dp[2,2]=1$

结合以上 3 个状态转移方程可得如表 8.2 所示结果。

表 8.2 问题求解过程（$n=6$）

| $i\backslash j$ | 0 | 1 | 2 |
|---|---|---|---|
| 1 | 1 | 0 | 0 |
| 2 | 2 | 1 | 1 |
| 3 | 5 | 2 | 2 |
| 4 | 11 | 4 | 4 |
| 5 | 24 | 9 | 9 |
| 6 | 53 | 20 | 20 |

代码如下。

```cpp
#include<iostream>
#include<algorithm>
#define ll long long
using namespace std;

const ll mod =1000000007;
ll n;
ll dp[1000005][3];

int main()
{
    cin>>n;
    dp[0][0]=1;
    dp[1][0]=1;
    for(int i=2;i<=n;i++)
    {
        //用 0 表示该列区域拼图全拼满
        dp[i][0]=(dp[i-1][0]+dp[i-2][0]+dp[i-1][1]+dp[i-1][2])%mod;
        //用 1 表示该列区域上面为空
        dp[i][1]=(dp[i-2][0]+dp[i-1][2])%mod;
        //用 2 表示该列区域下面为空
        dp[i][2]=(dp[i-2][0]+dp[i-1][1])%mod;
    }
    cout<<dp[n][0];
    return 0;
}
```

## ◆习　题

**1. 棋盘上的路径**

小明在一个棋盘上面走路,最开始在$(0,0)$点,他想要到达$(m,n)$点并且每次只能往下或者往右走一步,他想知道到达$(m,n)$点总共有多少种方案(答案对 1000 取模)。

输入描述:输入一行 2 个整数代表 $n$、$m$。

输出描述:输出一行 1 个整数表示答案。

样例输入:

```
3 7
```

样例输出:

```
120
```

数据范围:$1 \leqslant n, m \leqslant 1000$。

**2. 最长回文子序列**

给定一个字符串 $a$,求其最长回文子序列的长度。

输入描述:输入一行表示字符串 $a$。

输出描述:输出一行 1 个整数表示答案。

样例输入:

```
aaba
```

样例输出:

```
3
```

数据范围:字符串长度小于或等于 1000。

**3. 背包问题**

给定 $n(n < 1 \times 10^2)$个物品,每个物品价值最大为 $1 \times 10^3$,物品体积最多为 $1 \times 10^9$,给你一个背包,体积最大为 $1 \times 10^9$,背包所能装的最大价值是多少?

输入描述:第一行输入 2 个整数 $n$、$v$,分别代表物品数量和背包体积。

接下来 $n$ 行每行两个整数 $a[i]$、$b[i]$,分别代表物品的体积和价值。

输出描述:输出一行 1 个整数表示答案。

样例输入:

```
3 8
3 30
4 50
5 60
```

样例输出：

```
90
```

### 4. 小明的工资

小明有 $n$ 天的工作时间,他在第 $i$ 天可以获得 $a[i]$、$b[i]$、$c[i]$ 其中之一的工资,但是连续两天的工资不能来源于同一个数组中,求 $n$ 天后小明获得的最大工资。

输入描述：第一行输入 1 个整数 $n$ 代表上班天数。

接下来 $n$ 行每行 3 个整数 $a[i]$、$b[i]$、$c[i]$。

输出描述：输出一行 1 个整数表示答案。

样例输入：

```
3
10 40 70
20 50 80
30 60 90
```

样例输出：

```
210
```

### 5. 最大正方形

给定一个只包含 0 和 1 的 $n×n$ 正方形矩阵,找出一个只有 1 的最大正方形,输出边长。

输入描述：第一行输入 1 个整数 $n$ 代表给定正方形的边长。

接下来 $n$ 行,每行 $n$ 个数字,用空格隔开,0 或 1。

输出描述：输出一行 1 个整数表示答案。

样例输入：

```
4
0 1 1 1
1 1 1 0
0 1 1 0
1 1 0 1
```

样例输出：

```
2
```

数据范围：$n \leqslant 100$。

### 6. 偶数个 5 的数字

小红很喜欢数字 5,有一天她很好奇在所有的 $n$ 位数中有多少个数字有偶数个 5,答案

172

对 12345 取模。

输入描述：一行输入 1 个整数 $n$。

输出描述：输出一行 1 个整数表示答案。

样例输入：

```
2
```

样例输出：

```
73
```

数据范围：$n \leqslant 10000$。

### 7. 糖果屋

小唐生活在糖果屋里,糖果屋体积为 $v$。小唐还在商店购买了 $n$ 颗糖果,每颗糖果的体积为 $a[i]$,他想任取若干糖果带进糖果屋中,使糖果屋的剩余空间为最小。最小的剩余空间为多少?

输入描述：第一行输入 1 个整数 $v$,代表糖果屋的体积。

第二行输入 1 个整数 $n$,代表有 $n$ 颗糖果。

接下来 $n$ 行每行 1 个整数代表每颗糖果的体积 $a[i]$。

输出描述：输出一行 1 个整数表示答案。

样例输入：

```
24
6
8
3
12
7
9
7
```

样例输出：

```
0
```

数据范围：$n, v \leqslant 1000$。

### 8. 拆分整数

小红对于整数有着独特的思考,他突然有一天想把 1 个正整数 $n$ 拆分为至少 2 个正整数的和,并让这些整数的乘积最大化,求最大的乘积。

输入描述：一行代表整数 $n$。

输出描述：输出一行 1 个整数表示答案。

样例输入：

```
10
```

样例输出：

```
36
```

数据范围：$2 \leqslant n \leqslant 58$。

### 9. 立方数之和

将 1 个整数 $m$ 分解为 $n$ 个立方数的和的形式，要求 $n$ 最小。

例如，$m = 35 = 2 \times 2 \times 2 + 3 \times 3 \times 3$，则 $n = 2$。

输入描述：一行代表整数 $m$。

输出描述：输出一行 1 个整数表示答案。

样例输入：

```
35
```

样例输出：

```
2
```

数据范围：$m \leqslant 1000$。

### 10. 骰子之和

有 $n$ 个骰子，每个骰子有 6 个面，值分别为 1、2、3、4、5、6。掷骰子得到的总点数为各骰子面朝上的数字的总和，求有多少种掷法得到总点数为 sum。答案对 (1e9+7) 取模。

输入描述：一行 2 个整数 $n$、sum。

输出描述：输出一行 1 个整数表示答案。

样例输入：

```
2 7
```

样例输出：

```
6
```

数据范围：$n \leqslant 1000, \text{sum} \leqslant 1000$。

# 第9章

# 图算法设计

## ◇ 9.1 概　述

### 9.1.1　图的定义

图算法是算法中最古老且最让研究者持续关注的领域。一般而言，可以认为图（Graph）是一系列顶点（或结点）和描述顶点之间关系的边（或弧）所组成的集合。图的形式化定义如下：

$$G = (V, E)$$
$$V = \{V_i \mid V_i \in \text{某个数据元素集合}\}$$
$$E = \{(V_i, V_j) \mid V_i, V_j \in V \wedge P(V_i, V_j)\}$$

其中，$G$ 表示图，$V$ 是顶点的集合（Vertices Set），$E$ 是边或弧的集合（Edges Set）。在集合 $E$ 中，$P(V_i, V_j)$ 表示顶点 $V_i$ 和顶点 $V_j$ 之间有边或弧相连。

### 9.1.2　图的相关概念

阶（Order）：图 $G$ 中点集 $V$ 的大小称为图 $G$ 的阶。

子图（Sub-Graph）：当图 $G' = (V', E')$，其中，$V'$ 包含于 $V$，$E'$ 包含于 $E$，则 $G'$ 称为图 $G = (V, E)$ 的子图。每个图都是本身的子图。

生成子图（Spanning Sub-Graph）：指满足条件 $V(G') = V(G)$ 的 $G$ 的子图 $G'$。

导出子图（Induced Sub-Graph）：以图 $G$ 的顶点集 $V$ 的非空子集 $V_1$ 为顶点集，以两端点均在 $V_1$ 中的全体边为边集的 $G$ 的子图，称为 $V_1$ 导出的导出子图；以图 $G$ 的边集 $E$ 的非空子集 $E_1$ 为边集，以 $E_1$ 中边关联的顶点的全体为顶点集的 $G$ 的子图，称为 $E_1$ 导出的导出子图。

度（Degree）：一个顶点的度是指与该顶点相关联的边的条数，顶点 $v$ 的度记作 $d(v)$。

入度（In-degree）和出度（Out-degree）：对于有向图来说，一个顶点的度可细分为入度和出度。一个顶点的入度是指与其关联的各边之中，以其为终点的边数；出度则是相对的概念，指以该顶点为源点的边数。

自环（Loop）：若一条边的两个顶点为同一顶点，则此边称为自环。

路径(Path)：从 $u$ 到 $v$ 的一条路径是指一个序列 $v_0,e_1,v_1,e_2,v_2,\cdots,e_k,v_k$，其中，$e_i$ 的顶点为 $v_i$ 及 $v_{i-1}$。如果它的起止顶点相同，该路径是"闭"的，反之，则称为"开"的。如果路径中所有顶点两两不等，则该路径称为一条简单路径。

行迹(Trace)：如果路径 $P(u,v)$ 中的边各不相同，则该路径称为 $u$ 到 $v$ 的一条行迹。

轨道(Track)：如果路径 $P(u,v)$ 中的顶点各不相同，则该路径称为 $u$ 到 $v$ 的一条轨道。

闭的行迹称为回路(Circuit)，闭的轨道称为圈(Cycle)。

桥(Bridge)：若去掉一条边，便会使得整个图不连通，该边称为桥。

## ◈ 9.2　图算法示例与分析

图计算作为下一代人工智能的核心技术，已被广泛应用于医疗、教育、军事、金融等多个领域，如淘宝用户好友关系图、道路图、电路图、病毒传播网、国家电网、文献网、社交网和知识图谱等。为了从这些数据之间的关联关系中获取有用的信息，大量图算法层出不穷。这些算法通过对大型图数据的迭代处理，获得图数据中隐藏的重要信息。

在计算机科学以及其他领域，图被广泛应用于实际问题的建模，包括数据调度、网络通信、交通运输管理、经济网络、项目安排等。基本的图算法主要包括图的遍历、最短路径和网络最大流等。

### 9.2.1　最短路问题

例 9.1　某地区实行多年的畅通工程计划后，完成了连接所有城镇的道路网。现在已知有 $N$ 个城镇，修建了 $M$ 条双向道路，由城镇 $u$ 通往城镇 $v$ 的道路长度为 $w$。对于给定的源点 $s$ 和终点 $e$，请计算出从源点到终点的最短距离。

解题思路：给定源点和终点，可以使用 Dijkstra 算法求解两者之间的最短距离。Dijkstra 算法是经典的单源最短路径算法，其基本思想是以源点为中心，层层向外扩展，找到所有结点的最短路径。对于源点为 $s$ 的图 $G=\{V,E\}$，顶点集合 $V$ 被划分为两部分：集合 $S$ 和 $V-S$。初始时 $S$ 中仅含有源点 $s$，其中 $S$ 中的顶点到源点的最短路径已经确定。集合 $V-S$ 中所包含的顶点到源点的最短路径的长度待定，称从源点出发只经过 $S$ 中的点到达 $V-S$ 中的点的路径为特殊路径，并记录当前每个顶点对应的最短特殊路径长度。

朴素 Dijkstra 算法需要遍历 $V-S$ 中的所有点以确定距离最近的点，其复杂度为 $O(n)$，最终算法的时间复杂度为 $O(n^2)$。而堆最大的优势是插入元素和弹出最高优先级元素的时间复杂度都为 $O(\log_2 n)$，这一优势可以应用于从 $V-S$ 中查找距离最近的点，改善算法的性能，称为堆优化版的 Dijkstra 算法。

由于 STL 库中 priority_queue 是使用堆实现的，所以在此直接使用 priority_queue 代替堆实现。

堆优化版 Dijkstra 算法伪代码如下。

```
heap_dijkstra
begin
    priority_queue q
```

```
        dist[s] ← 0
        q ← (0,s)
        while() begin
            vetex u ← q.pop()
            if vis[u]=1 then continue;        //该结点已经访问过,不再执行
            vis[u] ← 1;                       //若要执行该结点的操作,先标记它对应的vis
            for each edge(v,w) of adjacent vertex u   //v为邻接顶点,w为权重
                if dist[v]>dist[u]+w
                    dist[v] ← dist[u]+w       //松弛操作,更新距离
                    q ←(dist[v], v);
                end if
            end for
        end while
    end
```

接下来以图 9.1 所示的问题为例介绍使用优先队列的 Dijkstra 算法。

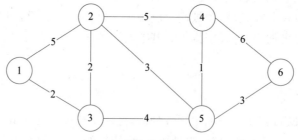

图 9.1　最短路径问题示例

### 1. 图的存储

图的存储有邻接矩阵、邻接表、十字链表等。对于稠密图,直接使用邻接矩阵即可,对于稀疏图可以使用邻接表进行存储。但两者在存储空间、访问效率方面都存在一些缺陷,为此,我们介绍前向星存储方法,该方法是介于邻接矩阵、邻接表之间性能比较均衡的一种数据结构。

采用前向星建图法的主要结构如下。

```
//边的结构
struct Edge{
    int u, w, v, next;               //边的源点、权重、终点、下一条边编号
};
```

用数组 int head[N]存储每个顶点邻接边的编号。构建图的边,并建立顶点和边之间的关系,代码如下。

```
void add(int u,int v,int w) {
    //前向星方式建图
    a[++k].next=head[u];
```

```
        a[k].w=w; a[k].v=v;head[u]=k;
}
```

其中,数组 a 为边的集合,k 为边的编号,初值为 0。

根据图 9.1 的输入按前向星建图法存储图,可得如图 9.2 所示结构。

图 9.2　完整的图存储结构

### 2. 使用堆优化的 Dijkstra 算法求解最短路径问题

算法思想:从源点 s 开始,逐层扩展其邻居放到堆中,并从堆中弹出距离 s 最近的顶点 u,得到了 u 到 s 的最短距离;将 u 放入队列中时,如果经过 u 使队列中 u 的邻居到 s 的距离更短,则更新这些邻居点到 s 的距离。

以图 9.1 所示问题为例说明堆优化的 Dijkstra 算法求解最短路径过程。定义数组 dist[7]存放每个顶点与源点 1 最近的距离,初值为 dist[1]=0,dist[$i$]=∞($i \neq 1$)。

步骤 1:将(1,0)放入堆中,其中第一个数值表示顶点编号,第二个数值表示源点距离该顶点的距离。

步骤 2:从堆中弹出距离最小的点(1,0),从前向星结构中通过 head[1]找到顶点 1 的邻居为顶点 2、顶点 3。更新两者距离顶点 1 的距离为 5、2,并将(2,5)、(3,2)放入堆中。

步骤 3:从堆中弹出距离最小的顶点(3,2),通过 head[3]找到其邻居为 1(已确定距离)、2、5,由于 dist[2]=5>dist[3]+(3→2),更新 dist[2]=4,将(2,4)放入堆中,同时,将(5,6)放入堆中。

步骤 4:从堆中弹出距离最小的顶点(2,4),通过 head[2]得到顶点 2 的邻居为 1、3、4、5,其中 1、3 已确定距离。将(4,9)放入堆中,而顶点 5 的距离 dist[5]仍然保持原值,不需要更新。

步骤 5:从堆中弹出距离最小的顶点(5,6),通过 head[5]得到顶点 5 的邻居为 2、3、4、6,其中顶点 2、3 已确定最短距离。将(4,7)、(6,9)放入堆中。

步骤 6:从堆中弹出距离最小的顶点(4,7),通过 head[4]得到顶点 4 未访问的邻居为6,但确定 4 的距离并不能进一步降低顶点 6 的距离。

步骤 7:从堆中弹出距离最小的顶点(6,9),此时,虽然堆不为空,但其中的元素都不是最短距离,逐一弹出算法结束。

最终可得:dist[1]=0、dist[2]=4、dist[3]=2、dist[4]=7、dist[5]=6、dist[6]=9。

堆优化 Dijkstra 算法参考代码如下。

```cpp
#include<bits/stdc++.h>
using namespace std;
const int N=100010,M=200010;
const int inf=0x3f3f3f3f;
int head[N];
struct edge{
int next,w,v;
}a[M];
int n,m,s,e;
int d[N],vis[N];

int k=0;
void add(int u,int v,int w){
    //前向星方式建图
    a[++k].next=head[u];
    a[k].w=w; a[k].v=v;head[u]=k;
}
void dijkstra(){
    memset(d,inf,sizeof(d));
    memset(vis,0,sizeof(vis));
    priority_queue<pair<int,int>>q;
    d[s]=0;q.push(make_pair(0,s));
    while(q.size()){
        int u=q.top().second;
        q.pop();
        if(vis[u])continue;          //该结点已经访问过,不再执行
        vis[u]=1;                    //若要执行该结点的操作,先标记它对应的 vis
        for(int i=head[u]; i; i=a[i].next){
            int v=a[i].v,w=a[i].w;
            if(d[v]>d[u]+w){
                d[v]=d[u]+w;         //松弛操作,更新距离
                q.push(make_pair(-d[v],v));
                                     //把更新的距离和点入堆,这里距离取负变成小根堆
```

```
            }
        }
    }
}
void main(){
    cin>>n>>m;                          //n 个结点 m 条边数据
    for(int i=1; i<=m; i++){
        int u,v,w;
        cin>>u>>v>>w;                    //u 到 v 的路径长度 w
        add(u,v,w);add(v,u,w);          //建立 u 到 v 的双向路径,路径长度为 w
    }
    cin>>s>>e;
    dijkstra();                         //执行 Dijkstra 最短路算法
    cout<<d[e];                         //以 s 为源点、e 为终点的最短路径
}
```

复杂度分析：堆改进的 Dijkstra 算法的复杂度为 $O(m\log_2 n)$，其中，$m$ 为边的数量，$n$ 为顶点的数量。对于稀疏图，存在 $m \approx n$ 的情况下，堆改进的 Dijkstra 算法的复杂度为 $O(n\log_2 n)$，该复杂度低于朴素版 Dijkstra 的复杂度 $O(n^2)$。而对于稠密图，存在 $m \approx n^2$ 的情况下，堆改进的 Dijkstra 算法的复杂度为 $O(n^2 \log_2 n)$，显然，高于朴素版 Dijkstra 的复杂度 $O(n^2)$。

### 9.2.2　网络最大流问题

网络最大
流问题

**1. 基本概念**

容量网络（**capacity network**）：容量网络 $G(V, E)$ 是一个有向网络，源点记为 $V_s$，汇点记为 $V_t$。对于每一条弧 $<u, v> \in E$，对应有一个权值 $c(u, v) > 0$，称为弧的容量（**capacity**）。

弧的流量（**flow rate**）：容量网络 $G$ 中每条弧 $<u, v>$ 上的流量，记为 $f(u, v)$。

网络流（**network flow**）：所有弧上流量的集合 $f = \{f(u, v)\}$ 称为该容量网络 $G$ 的一个网络流。

容量网络需满足如下性质。

（1）通过每弧的流量均不超过弧容量。

（2）源点 $V_s$ 流出的总量等于流入汇点 $V_t$ 的总量。

（3）除源点和汇点之外的中间顶点的流入总量等于流出总量。

可行流（**feasible flow**）：在容量网络 $G(V, E)$ 中，满足以下条件的网络流 $f$，称为可行流。

（1）弧流量限制条件：$0 \leqslant f(u, v) \leqslant c(u, v)$，$<u, v> \in E$。

（2）平衡条件：

$$\sum_v f(u,v) - \sum_v f(v,u) = \begin{cases} |f| & u = V_s \\ 0 & u \neq V_s, V_t \\ -|f| & u = V_t \end{cases}$$

**180**

最大流(maximum flow):在容量网络 $G(V,E)$ 中,满足弧流量限制条件和平衡条件、且具有最大流量的可行流,称为网络最大流,简称最大流。

**2. 链与增广路**

链(chain):在容量网络中,称顶点序列 $(u, u_1, u_2, \cdots, u_n, v)$ 为一条链,要求相邻两个顶点之间有一条弧,如 $<u, u_1>$ 或 $<u_1, u>$ 为容量网络中的一条弧。在给定一个方向为正方向时,会有:

(1) 前向弧(方向与链的正方向一致的弧),其集合记为 $P+$。

(2) 后向弧(方向与链的正方向相反的弧),其集合记为 $P-$。

增广路(augmenting path):设 $f$ 是一个容量网络 $G$ 中的一个可行流,$P$ 是从 $V_s$ 到 $V_t$ 的一条链,若 $P$ 满足下列条件,则称 $P$ 为关于可行流 $f$ 的一条增广路,简称为增广路。

(1) 在 $P$ 的所有前向弧 $<u,v>$ 上,$0 \leqslant f(u,v) < c(u,v)$,即 $P+$ 中每一条弧都是非饱和弧。

(2) 在 $P$ 的所有后向弧 $<u,v>$ 上,$0 < f(u,v) \leqslant c(u,v)$,即 $P-$ 中每一条弧是非零流弧。

按照如下方法把 $f$ 改进成更大的流 $f_1$。

不属于增广路 $P$ 的弧 $<u,v>$ 上的流量一概不变,即 $f_1(u,v) = f(u,v)$;增广路 $P$ 上的所有弧 $<u,v>$ 上的流量按下述规则变化。

(1) 在前向弧 $<u,v>$ 上,$f_1(u,v) = f(u,v) + \alpha$。

(2) 在后向弧 $<u,v>$ 上,$f_1(u,v) = f(u,v) - \alpha$。

其中,$\alpha$ 为可改进量,其取值要在满足可行流的两个条件下尽量最大化。

增广路定理:设容量网络 $G(V,E)$ 的一个可行流为 $f$,其为最大流的充要条件是在容量网络中不存在增广路。

**3. 残留容量与残留网络**

残留容量(residual capacity):弧中剩余的流量空间,记为 $c'(u,v)$。

残量网络:在给定的流网络 $G=(V,E)$ 中,$G'$ 为 $G$ 关于 $f$ 的残量网络 $G'=(V',E')$,其中 $G'$ 的顶点集 $V'$ 与 $G$ 的顶点集 $V$ 相同。对于 $G$ 中任何一条弧 $<u,v>$,如果 $f(u,v)<c(u,v)$,那么在 $G'$ 中有一条弧 $<u,v> \in E'$,其容量为 $c'(u,v)=c(u,v)-f(u,v)$,如果 $f(u,v)>0$,则在 $G'$ 中有一条弧 $<v,u> \in E'$,其容量为 $c'(v,u)=f(u,v)$。而由所有属于 $G$ 的边的残留容量所构成的带权有向图就是 $G$ 的残留网络 $G'$。流网络及残量网络示意如图 9.3 所示。

在残留网络中找一条源点到汇点的增广路,如 $(V_s, V_1, V_5, V_t)$,在容量网络中沿路径增广 2 个单位的流量,再根据增广后的容量网络构造残留网络。按照此流程找下一条增广路直至不能再找到新的增广路,此时,即可求得最大流。

顶点的层次:在残量网络中,把从源点 $V_s$ 到顶点 $u$ 的最短路径长度,称为顶点 $u$ 的层次,其中源点 $V_s$ 的层次为 0。

层次网络:对残留网络分层后,删去比汇点 $V_t$ 层次更高或同层的顶点以及与这些顶点关联的弧,再删去从某层顶点指向同层顶点和低层顶点的弧,所剩的各条弧的容量与残留网络中的容量相同,这样得到的网络是残留网络的子网络,称为层次网络。

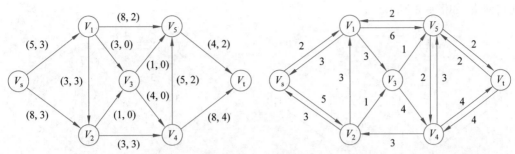

图 9.3 容量网络(左)与残量网络(右)示意图

层次网络中任何一条连接源点 $V_s$ 和汇点 $V_t$ 的通路都是一条增广路,并且是最短的增广路。

最短增广路算法的思想是每次在层次网络中找一条含弧数最少的增广路进行增广,伪代码如下。

//最短增广路算法
步骤 1:初始化容量网络和网络流。
步骤 2:构造残留网络和层次网络,若汇点不在层次网络中,则算法结束。
步骤 3:在层次网络中不断用 BFS 增广,直到层次网络中没有增广路为止;每次增广完毕,在层次网络中去掉因改进流量而导致饱和的弧。
步骤 4:转步骤 2。

以图 9.3 为例说明最短增广路算法的过程。

(1) 初始容量网络和残留网络,如图 9.3 所示。

(2) 第一次增广。

根据图 9.3 所示的残留网络构造层次网络,如图 9.4(左)所示。

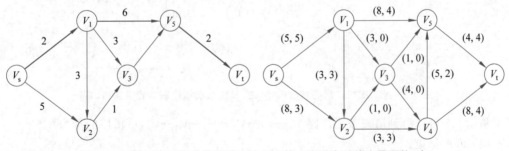

图 9.4 初始层次网络及最短增广路(左)第一次增广后的容量网络(右)

由图 9.4 中的初始层次网络可以得到从 $V_s \rightarrow V_t$ 的最短增广路 $V_s \rightarrow V_1 \rightarrow V_5 \rightarrow V_t$,其可增广的量为 2。

(3) 第二次增广。

根据图 9.4 第一次增广后的容量网络得到如图 9.5 所示的残留网络。

从图 9.5 所示的层次网络中可以找到第二条增广路 $V_s \rightarrow V_2 \rightarrow V_3 \rightarrow V_4 \rightarrow V_t$,其可增广的量为 1。

(4) 第三次增广。

执行第二次增广后可得容量网络,同时,根据残留网络的构造方法可得第二次增广后的残留网络,如图9.6所示。

图9.5 第一次增广后的残留网络(左)及层次网络(右)

图9.6 第二次增广后的容量网络(左)及残留网络(右)

根据图9.6所示的残留网络构造层次网络,如图9.7所示。

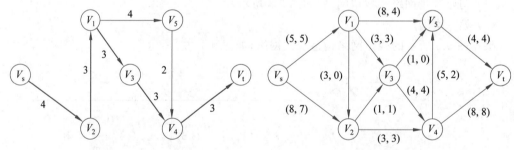

图9.7 第二次增广后的层次网络(左)及第三次增广后的容量网络(右)

从图9.7可以得到第三条增广路$V_s \to V_2 \to V_1 \to V_3 \to V_4 \to V_t$,可增广的量为3。

(5)增广结束。

根据图9.7中第三次增广后的容量网络构造如图9.8所示残留网络,并再次构造层次网络,结果发现汇点不在层次网络中,增广结束。

所以,图9.3所示网络的最大流为$2+1+3=6$。

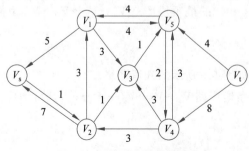

图9.8 不能增广的残留网络

### 9.2.3 二分图染色问题

二分图又称二部图(Bipartite Graph)。设$G = (V, E)$是一个无向图,如果顶点$V$可分割为两个互不相交的子集 $A$、$B$,图中每条边依附的两个顶点都分别属于子集 $A$ 和 $B$,并且 $A$、$B$ 内的顶点不相邻,即任意一个集合的内部不能有边,称为二分图,如图 9.9 所示。

显然,二分图中不含奇数环(边数为奇数的环),否则必有两个顶点位于同一个集合中。判断一个图 $G$ 是否为二分图,可以用染色法或者匈牙利算法进行判断。染色法判断二分图的伪代码如下。

//二分图染色法
//两种颜色,分别为 1 和 2,分别代表不同的集合
步骤 1:将 1(白色) 和 2 (黑色)代表两种颜色(也就是两个集合,染 1 的在一个集合,染 2 的在另一个集合),初始时所有点颜色都为 0,代表未染色。
步骤 2:默认将第一个点染成 1。
步骤 3:利用深度优先算法 DFS 或者广度优先算法 BFS 对其他点进行染色。
步骤 4:至少有两个邻接点染色相同,则染色失败,不是二分图,否则就是二分图。

下面以图 9.10 为例说明染色法判断二分图的过程。

图 9.9 二分图的相邻顶点分属于不同的集合

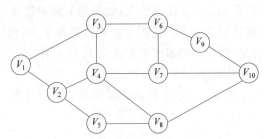

图 9.10 二分图示例

(1) 对第一个顶点 $V_1$ 染为白色,利用 BFS 可知与 $V_1$ 直接相邻为 $V_2$、$V_3$,这些顶点均只能染为黑色,如图 9.11 所示。

(2) 对 $V_2$、$V_3$ 染为黑色,根据 BFS 可得 $V_2$、$V_3$ 未染色的邻居为 $V_4$、$V_5$、$V_6$,这些顶点只能染为白色,如图 9.12 所示。

图 9.11 顶点 $V_1$ 染为白色

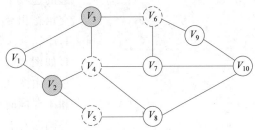

图 9.12 顶点 $V_2$、$V_3$ 染为黑色

(3) 将 $V_4$、$V_5$、$V_6$ 染为白色,根据 BFS 可知 $V_4$、$V_5$、$V_6$ 的未染色邻居为 $V_7$、$V_8$、$V_9$,这些顶点只能染为黑色,如图 9.13 所示。

(4) 将顶点 $V_7$、$V_8$、$V_9$ 染为黑色,最后的顶点 $V_{10}$ 只能染为白色,如图 9.14 所示。显然,染色后相邻顶点颜色都不相同,符合二分图的定义,因此,该图是一个二分图。

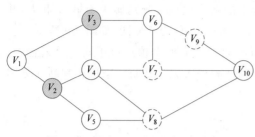

图 9.13　顶点 $V_4$、$V_5$、$V_6$ 染为白色

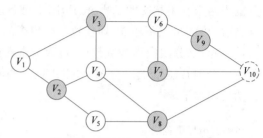

图 9.14　顶点 $V_7$、$V_8$、$V_9$ 染为黑色

## 9.3　能 力 拓 展

杂交育种

### 9.3.1　杂交育种

杂交育种是农作物培育中一项关键的技术。已知有 $n$ 种农作物,编号从 1 到 $n$,第 $i$ 种农作物从播种到成熟的时间为 $t_i$,农作物之间可以进行两两杂交,杂交时间由较长的一方决定(如农作物 a 成熟需要 5 天,农作物 b 成熟需要 3 天,则农作物 a 和 b 进行杂交育种需要 5 天)。农作物杂交会产生固定的农作物种子,其仍属于 $n$ 种农作物中的一种。现有 $m$ 种农作物种子(假设每种种子数量无限),有 $k$ 种杂交方案(假设可同时进行多种杂交),请问培育出农作物种子 $x$ 所需的最短时间。

解题思路:用以下样例说明问题的求解过程。

$n=4, m=2, k=2, x=3$;

$t[1]=4, t[2]=3, t[3]=7, t[4]=5$;

$s[1]=1, s[2]=4$;

1 和 4 杂交培育出 2,1 和 2 杂交培育出 3。

首先思考如何建图。可以将每种农作物看成图中的一个结点,结点之间的单向边表示农作物的杂交关系,边权代表杂交所需的时间,例如,对于样例 1 和 4 杂交培育出 2,可以建

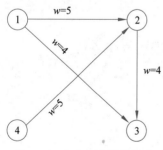

图 9.15　杂交育种图的权重

两条单向边 1→2 和 4→2。因为 $t[1]=4, t[4]=5$,故两条边的边权 $w$ 应该取 $t[1]$ 和 $t[4]$ 中较大的 5;对于 1 和 2 杂交培育出 3,可以建两条单向边 1→3 和 2→3,因为 $t[1]=4, t[2]=3$,故两条边的边权 $w$ 应该取 $t[1]$ 和 $t[2]$ 中较大的 4,如图 9.15 所示。

由图 9.15 可知,边 1→2 和 4→2 存在的前提是结点 1 和 4 要同时存在,边 1→3 和 2→3 存在的前提是结点 1 和 2 要同时存在,所以对于每条边还需要多维护一个变量 $p$ 来存储与当前边源点配种的结点编号,如图 9.16 所示。

由于 Dijkstra 算法求解的是单源点最短路径问题,故引入一个源点 0,使其到 1 和 4 的边权 $w=0$,配种结点 $p=0$,那么问题就变成了求结点 0 到结点 3 的最短路径,如图 9.17 所示。

图 9.16 杂交育种关系图

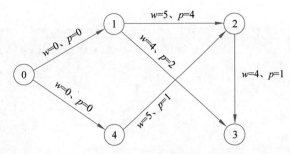

图 9.17 问题单源点表示图

接下来分析 Dijkstra 算法求解问题的详细过程。

(1) 因为要求结点 0 到结点 3 的最短路径,故结点 0 是源点,初始化 dist[0]=0,并将其编号 0 和 dist[0] 放入小根堆。dist 和 vis 数组初始如表 9.1 所示。

(2) 从堆顶取出编号 0 和 dist[0]=0,并将 vis[0] 置为 1,以结点 0 作为源点的边有:$0 \rightarrow 1(p=0,w=0)$,dist[1]=min(dist[1],max(dist[0],dist[$p$])+$w$),因为 dist[1]=$\infty$,max(dist[0], dist[0])+0=0,所以将 dist[1] 更新为 0,并将编号 1 和 dist[1]=0 放入小根堆;$0 \rightarrow 4(p=0,w=0)$,dist[4]=min(dist[4],max(dist[0],dist[$p$])+$w$),因为 dist[4]=$\infty$,max(dist[0],dist[0])+0=0,所以将 dist[4] 更新为 0,并将编号 4 和 dist[4]=0 放入小根堆。dist 和 vis 数组变化如表 9.2 所示。

表 9.1 初始化

| 结点编号 | dist | vis |
| --- | --- | --- |
| 0 | 0 | 0 |
| 1 | $\infty$ | 0 |
| 2 | $\infty$ | 0 |
| 3 | $\infty$ | 0 |
| 4 | $\infty$ | 0 |

表 9.2 访问源点

| 结点编号 | dist | vis |
| --- | --- | --- |
| 0 | 0 | 1 |
| 1 | 0 | 0 |
| 2 | $\infty$ | 0 |
| 3 | $\infty$ | 0 |
| 4 | 0 | 0 |

(3) 从堆顶取出编号 1 和 dist[1]=0,并将 vis[1] 置为 1,以结点 1 作为源点的边有:$1 \rightarrow 3(p=2,w=4)$,dist[3]=min(dist[3],max(dist[1],dist[$p$])+$w$),因为 dist[3]=$\infty$,max(dist[1], dist[2])+4=$\infty$,所以 dist[3] 不更新。$1 \rightarrow 2(p=4,w=5)$,dist[2]=min(dist[2], max(dist[1], dist[$p$])+$w$),因为 dist[4]=$\infty$,max(dist[1],dist[4])+5=5,所以将 dist[2] 更新为 5,并将编号 2 和 dist[2]=5 放入小根堆。dist 和 vis 数组变化如表 9.3 所示。

(4) 从堆顶取出编号 4 和 dist[4]=0,并将 vis[4] 置为 1,以结点 4 作为源点的边有:$4 \rightarrow 2(p=1,w=5)$,dist[2]=min(dist[2],max(dist[4],dist[$p$])+$w$),因为 dist[2]=5,max(dist[4], dist[1])+5=5,所以 dist[2] 不更新。dist 和 vis 数组变化如表 9.4 所示。

表 9.3 访问顶点 1

| 结点编号 | dist | vis |
|---|---|---|
| 0 | 0 | 1 |
| 1 | 0 | 1 |
| 2 | 5 | 0 |
| 3 | ∞ | 0 |
| 4 | 0 | 0 |

表 9.4 访问顶点 4

| 结点编号 | dist | vis |
|---|---|---|
| 0 | 0 | 1 |
| 1 | 0 | 1 |
| 2 | 5 | 0 |
| 3 | ∞ | 0 |
| 4 | 0 | 1 |

（5）从堆顶取出编号 2 和 dist[2]＝5，并将 vis[2] 置为 1，以结点 2 作为源点的边有：$1\rightarrow3(p=1,w=4)$，$dist[3]=\min(dist[3],\max(dist[2],dist[p])+w)$，因为 $dist[3]=\infty$，$\max(dist[2]，dist[1])+4=9$，所以将 dist[3] 更新为 9，并将编号 3 和 dist[3]＝9 放入小顶堆；dist 和 vis 数组变化如表 9.5 所示。

（6）从堆顶取出编号 3 和 dist[3]＝9，并将 vis[3] 置为 1，没有以结点 3 为源点的边。
dist 和 vis 数组变化如表 9.6 所示。

表 9.5 访问顶点 2

| 结点编号 | dist | vis |
|---|---|---|
| 0 | 0 | 1 |
| 1 | 0 | 1 |
| 2 | 5 | 1 |
| 3 | 9 | 0 |
| 4 | 0 | 1 |

表 9.6 访问顶点 3

| 结点编号 | dist | vis |
|---|---|---|
| 0 | 0 | 1 |
| 1 | 0 | 1 |
| 2 | 5 | 1 |
| 3 | 9 | 1 |
| 4 | 0 | 1 |

至此，求得结点 0 到结点 3 的最短路径为 9，即培育出农作物种子 3 的最短时间为 9。完整代码如下。

```
#include<iostream>
#include<algorithm>
#include<cstring>
#include<queue>
#define pii pair<int,int>
using namespace std;
const int N=200010,K=200010;
int n,m,k,x;
int t[N],s[N];
bool vis[N];
int head[N],ver[K],edge[K],Next[K],p[K],tot,dist[K];

//链式前向星建图
void add(int x,int y,int z){
```

```
        ver[++tot]=z;                        //边从 x 指向 z
        edge[tot]=max(t[x],t[y]);            //边权
        p[tot]=y;                            //维护边存在的前提
        Next[tot]=head[x];
        head[x]=tot;
}

void dijkstra(){
    //初始化
    memset(dist,0x3f,sizeof(dist));
    memset(vis,0,sizeof(vis));
    //小顶堆
    priority_queue<pii, vector<pii>, greater<pii>>q;
    for(int i=1;i<=m;i++){
        dist[s[i]]=0;
        q.push(make_pair(dist[s[i]],s[i]));
    }
    while(q.size()){
        int x=q.top().second;                //取出堆顶
        q.pop();
        if(vis[x])continue;
        vis[x]=1;
        for(int i=head[x];i;i=Next[i]){      //扫描所有出边
            int y=ver[i],z=edge[i];
            if(dist[y]>max(dist[x],dist[p[i]])+z){  //更新,把新的二元组插入堆
                dist[y]=max(dist[x],dist[p[i]])+z;
                q.push(make_pair(dist[y],y));
            }
        }
    }
}

int main(){
    cin>>n>>m>>k>>x;
    for(int i=1;i<=n;i++)cin>>t[i];
    for(int i=1;i<=m;i++)cin>>s[i];
    while(k--){
        int a,b,c;
        cin>>a>>b>>c;
        add(a,b,c);
        add(b,a,c);
    }
    dijkstra();
    cout<<dist[x]<<"\n";
```

```
    return 0;
  }
```

### 9.3.2 小偷逃跑

小偷逃跑了,消失在黑夜中……我们可以考虑他所在的城市是一个无向图,其中结点代表十字路口,边缘代表街道,交叉标记从 0 到 $N-1$。狡猾的小偷开始从十字路口逃跑,每时每刻他都会走向一个相邻的十字路口。更确切地说,假设他在 $t$ 的时候在 $u$ 号十字路口,当且仅当 $u$ 号和 $v$ 号十字路口之间有一条街道时,他可能在 $t+1$ 时刻出现在 $v$ 号十字路口。请注意,他不会在两个连续的时刻停留在同一个十字路口。警察想知道小偷是否有可能在某一时刻出现在这个城市的任意一个十字路口。

解题思路:此题为经典的二分图问题。如果小偷走一个环,且这个环是偶数个结点,那么某个结点只能在偶数时刻或者奇数时刻到达;但是如果这个环是奇数个结点,则他既可以在奇数时刻到达又可以在偶数时刻到达。

根据二分图的性质可知二分图中不能含有奇环,所以只需用染色法判断是否是二分图即可,时间复杂度 $O(n+m)$。如果是二分图,这些路口可以被划分为集合 $A$、集合 $B$,则小偷在某一时刻出现在集合 $A$ 中或者集合 $B$ 中,但不能同时出现在集合 $A$ 和集合 $B$ 中,即不能出现在任意的十字路口;反之如果不是二分图,则小偷可能在某一时刻出现在这个城市的任意的十字路口。

朋友满意
数量

### 9.3.3 朋友满意数量

小明在派对上为他的 $n$ 个朋友准备了 $p$ 种菜品和 $q$ 种饮料(每种饮料和菜品只有一份),每个朋友可以选择一份菜品和一份饮料。朋友们对菜品和饮料有自己的喜好,如果朋友分配到的菜品和饮料都是自己喜欢的就会感到很满意。请问最多有多少个朋友能够感到满意。

解题思路:(网络最大流)

以 $n=3$、$p=4$、$q=3$ 为例,第 1 个朋友喜欢菜品 1、饮料 1;第 2 个朋友喜欢菜品 2、饮料 1;第 3 个朋友喜欢菜品 1、2,饮料 1、2、3。

首先思考建图方法。引入一个源点 s 和一个汇点 t,再把每个朋友、菜品和饮料当作一个结点。通过 s 连接所有朋友、所有饮料连接 t,将朋友结点与自己喜欢的菜品结点相连,然后将菜品与饮料连接,并置所有边权值为 1,如图 9.18 所示。

图 9.18　问题建模一

期望的结果是一条增广路就代表着一个朋友满意,此时可以发现图 9.18 中的增广路中朋友选择的饮料不一定是自己喜欢的。于是把朋友放在菜品和饮料中间来解决这个问题,如图 9.19 所示。

图 9.19　问题建模二

此时图 9.19 中的一条增广路就代表着一个朋友满意,但朋友 3 存在两条增广路会被重复计算,因此,需要把一个朋友结点拆分为两个结点,中间由一条边权为 1 的边连接,如图 9.20 所示,最终形成图 9.21 所示模型。

图 9.20　问题建模三

图 9.21　问题最终模型

至此,只要计算图 9.21 中 s 到 t 的最大流就可以求解出最多感到满意的朋友数量。显然,图 9.21 中存在一条流量为 1 的增广路:1→2→6→9→12→15,如图 9.22 所示。

从图 9.23 可知存在一条流量为 1 的增广路:1→3→8→11→13→15,如图 9.24 所示。

图 9.22　增广路一

图 9.23　第一次增广后的残留网络

图 9.24　增广路二

至此,图 9.25 中不存在增广路,故小明最多可以使 2 个朋友感到满意。

图 9.25　第二次增广后的残留网络

完整代码如下。

```cpp
#include<iostream>
#include<cstring>
#include<queue>
#define inf 0x3f3f3f3f
using namespace std;
const int N=100010,M=200010;
int n,p,q;
int s,t;
int head[N],ver[M],edge[M],Next[M],tot=1;
int v[N],incf[N],pre[N];
int maxflow;
void add(int x,int y,int z){
    ver[++tot]=y;edge[tot]=z;Next[tot]=head[x];head[x]=tot;
    ver[++tot]=x;edge[tot]=0;Next[tot]=head[y];head[y]=tot;
}

bool bfs(){
    memset(v,0,sizeof(v));
    queue<int>q;
    q.push(s);v[s]=1;
    //增广路上各边的最小剩余容量
    incf[s]=inf;
    while(q.size()){
        int x=q.front();q.pop();
        for(int i=head[x];i;i=Next[i]){
            if(edge[i]){
                int y=ver[i];
                if(v[y])continue;
                incf[y]=min(incf[x],edge[i]);
                //记录前驱
                pre[y]=i;
                q.push(y),v[y]=1;
                if(y==t)return true;
            }
        }
    }
    return false;
}
void update(){
    //更新增广路及其反向边的剩余容量
    int x=t;
    while(x!=s){
        int i=pre[x];
```

```
        edge[i]-=incf[t];
        edge[i^1]+=incf[t];
        x=ver[i^1];
    }
    maxflow+=incf[t];
    //cout<<incf[t]<<" "<<maxflow<<"\n\n";
}

int main(){
    cin>>n>>p>>q;
    s=1;                                          //源点编号
    t=1+p+n+n+q+1;                                //汇点编号
    for(int i=1;i<=p;i++)add(s,i+1,1);
    for(int i=1;i<=q;i++)add(i+1+p+n+n,t,1);
    for(int i=1;i<=n;i++)add(1+p+i,1+p+n+i,1);
    for(int i=1;i<=n;i++){
        for(int j=1;j<=p;j++){
            int x;cin>>x;
            if(x==1)add(j+1,i+1+p,1);
        }
    }
    for(int i=1;i<=n;i++){
        for(int j=1;j<=q;j++){
            int x;cin>>x;
            if(x==1)add(i+1+n+p,1+p+n+n+j,1);
        }
    }
    //只要存在增广路径就更新网络
    while(bfs()) update();
    cout<<maxflow<<"\n";
    return 0;
}
```

## ◇习　　题

### 1. 琪琪旅行

问题描述：有一天,琪琪想去看望她的一个朋友。由于她容易晕车,她想尽快赶到朋友家。现在给你一张城市交通路线的地图,以及琪琪家附近的车站,这样她就可以走了。你可以假设琪琪可以在任何车站换车。请找出琪琪需要花费的最少时间。为了方便起见,如果一个城市有 $n$ 个公共汽车站,这些车站将被表示为一个整数 $1,2,\cdots,n$。

输入描述：每组样例均以 3 个整数 $n$、$m$ 和 $s$ 开头($n<1000$、$m<20000$,$1\leqslant s\leqslant n$),$n$ 代表该城市的公交车站数量,$m$ 代表有公交线路数量(也许在两个公交车站之间有多条线

路),$s$ 代表琪琪朋友家附近的公交车站编号。

随后 $m$ 行,每行包含 3 个整数 $p$、$q$、$t(0<t\leqslant 1000)$。意思是从车站 $p$ 到车站 $q$ 有一条路线,花费 $t$ 分钟。

接下来一行是 1 个整数 $w(0<w<n)$,表示琪琪家附近的车站数量,她可以任选一个车站作为出发站。

接下来一行是 $w$ 个整数,代表这些站的编号。

输出描述:每个样例一行输出:琪琪需要花费的最少时间,如果找不到这样的路线,只需输出$-1$即可。

样例输入:

```
5 8 5
1 2 2
1 5 3
1 3 4
2 4 7
2 5 6
2 3 5
3 5 1
4 5 1
2
2 3
```

样例输出:

```
1
```

### 2. 糖果分配

问题描述:幼儿园中现在有 $n$ 个孩子,编号依次从 1 到 $n$,每个孩子都喜欢糖果,已知现在有 $m$ 组关系 $(a,b,c)$ 表示编号为 $b$ 的孩子的糖果最多比编号为 $a$ 的孩子的糖果多 $c$ 个。现在老师艾米莉想知道在满足 $m$ 组关系条件的情况下,$n$ 号孩子与 1 号孩子的糖果数最多相差多少?

输入描述:第一行输入孩子数量 $n$,关系条件数 $m$,之后 $m$ 行每行输入一组关系条件 $(a,b,c)$,表示编号为 $b$ 的孩子的糖果最多比编号为 $a$ 的孩子的糖果多 $c$ 个。

输出描述:$n$ 号孩子与 1 号孩子的糖果数最多相差数量。

样例输入:

```
2 2
1 2 5
2 1 4
```

样例输出:

```
5
```

### 3. 净收益最大的实验计划

问题描述：X 教授正在为火星航天中心计划一系列的太空飞行。每次太空飞行可进行一系列实验而获取利润。现已确定了一个可供选择的实验集合 S 和进行这些实验需要使用的全部仪器的集合 Q。实验 i 需要用到的仪器是 Q 的子集。配置仪器 $Q_i$ 的费用为 $p_i$ 美元。实验 $S_i$ 的赞助商已同意为该实验结果支付 $q_i$ 美元。X 教授的任务是找出一个有效算法，确定在一次太空飞行中要进行哪些实验并因此而配置哪些仪器才能使太空飞行的净收益最大。这里净收益是指进行实验所获得的全部收入与配置仪器的全部费用的差额。对于给定的实验和仪器配置情况，找出净收益最大的实验计划。

输入描述：第一行输入 2 个正整数 m 与 n，分别表示实验数与仪器数。接下来的 m 行，每一行是一项实验数据，第一项数据是赞助商同意支付的费用，接下来是该实验需要用到的仪器编号。最后一行的 n 个数是配置每个仪器的费用。

输出描述：第一行为实验编号，第二行为仪器编号，最后一行为最大净收益。

样例输入：

```
2 3
10 1 2
25 2 3
5 6 7
```

样例输出：

```
1 2
1 2 3
17
```

### 4. 最小跳跃距离

问题描述：青蛙弗雷迪坐在湖中的一块石头上。突然它注意到坐在另一块石头上的青蛙菲奥娜，弗雷迪计划去看望菲奥娜，但由于水很脏，弗雷迪想避免游泳，而是跳着去接近菲奥娜。因此，弗雷迪考虑使用其他石头作为中间站，并通过几个小跳跃序列接近菲奥娜。为了执行一个给定的跳跃序列，弗雷迪的跳跃范围显然必须至少和序列中最长的跳跃一样长。因此，两块石头之间的青蛙距离(人类也叫它 minimax 距离)被定义为两块石头之间所有可能路径的最小必要跳跃距离。

你得到了弗雷迪的石头、菲奥娜的石头和湖中所有其他石头的坐标。你的工作是计算弗雷迪和菲奥娜之间的青蛙距离。

输入描述：输入将包含一个或多个测试用例。每个测试用例的第一行将包含石头数 n（$2 \leqslant n \leqslant 200$）。下一行 n 包含两个整数 $X_i$、$Y_i$（$0 \leqslant X_i, Y_i = 1000$），表示石头 i 的坐标，其中石头 1 是弗雷迪所在的石头，石头 2 是菲奥娜所在的石头。

输出描述：一个数(保留小数点后 3 位)，表示弗雷迪和菲奥娜的石头之间的青蛙距离。

样例输入：

```
2
0 0
3 4
```

样例输出：

```
Frog Distance = 5.000
```

#### 5. 蜥蜴逃脱

问题描述：在一个 $r$ 行 $c$ 列的网格地图中有一些高度不同的石柱，一些石柱上站着一些蜥蜴，你的任务是让尽量多的蜥蜴逃到边界外。每行每列中相邻石柱的距离为 1，蜥蜴的跳跃距离是 $d$，即蜥蜴可以跳到平面距离不超过 $d$ 的任何一个石柱上。石柱都不稳定，每次当蜥蜴跳跃时，所离开的石柱高度减 1（如果仍然落在地图内部，则到达的石柱高度不变），如果该石柱原来高度为 1，则蜥蜴离开后消失。以后其他蜥蜴不能落脚。任何时刻不能有两只蜥蜴在同一个石柱上。

输入描述：输入第一行为 3 个整数 $r$、$c$、$d$，即地图的规模与最大跳跃距离。以下 $r$ 行为石柱的初始状态，0 表示没有石柱，1~3 表示石柱的初始高度。以下 $r$ 行为蜥蜴位置，$L$ 表示蜥蜴，"."表示没有蜥蜴。

输出描述：输出仅一行，包含一个整数，即无法逃离的蜥蜴总数的最小值。

样例输入：

```
5 8 2
00000000
02000000
00321100
02000000
00000000
........
........
..LLLL..
........
........
```

样例输出：

```
1
```

#### 6. 运输货物

问题描述：W 公司有 $m$ 个仓库和 $n$ 个零售商店。第 $i$ 个仓库有 $a_i$ 个单位的货物；第 $j$ 个零售商店需要 $b_j$ 个单位的货物。货物供需平衡，即 $\text{sum}(a_i) = \text{sum}(b_j)$ 表示供货量等于需求量。从第 $i$ 个仓库运送每单位货物到第 $j$ 个零售商店的费用为 $c[i][j]$。试设计一个将仓库中所有货物运送到零售商的运输方案，使总运输费用最少。对于给定的 $m$ 个仓库和

$n$ 个零售商店间运送货物的费用,计算最优运输方案和最差运输方案费用。

输入描述:第 1 行有 2 个正整数 $m$ 和 $n$,分别表示仓库数和零售商店数。

接下来的一行中有 $m$ 个正整数 $a_i$,$1 \leq i \leq m$,表示第 $i$ 个仓库有 $a_i$ 个单位的货物。

再接下来的一行中有 $n$ 个正整数 $b_j$,$1 \leq j \leq n$,表示第 $j$ 个零售商店需要 $b_j$ 个单位的货物。

接下来的 $m$ 行,每行有 $n$ 个整数,表示从第 $i$ 个仓库运送每单位货物到第 $j$ 个零售商店的费用 $c[i][j]$。

输出描述:程序运行结束时,将计算出的最少运输费用和最多运输费用输出。

样例输入:

```
2 3
220 280
170 120 210
77 39 105
150 186 122
```

样例输出:

```
48500
69140
```

### 7. 工程分配

问题描述:有 $n$ 件工作要分配给 $n$ 个人做。第 $i$ 个人做第 $j$ 件工作产生的效益为 $c[i][j]$。试设计一个将 $n$ 件工作分配给 $n$ 个人做的分配方案,计算总效益最大值与最小值。$1 \leq n \leq 200$,一个人只能做一件工作。

输入描述:第一行输入工作数量 $n$。

接下来 $n$ 行输入第 $i$ 件工作分配给第 $j$ 个人做收获的价值。

输出描述:总效益最大值与最小值。

样例输入:

```
5
2 2 2 1 2
2 3 1 2 4
2 0 1 1 1
2 3 4 3 3
3 2 1 2 1
```

样例输出:

```
5
14
```

### 8. 铁路问题

问题描述：G 公司有 $n$ 个沿铁路运输线环状排列的仓库，每个仓库存储的货物数量不等。如何用最少搬运量使 $n$ 个仓库的库存数量相同？搬运货物时，只能在相邻的仓库之间搬运。求最少搬运量。

输入描述：文件的第 1 行中有 1 个正整数 $n$，表示有 $n$ 个仓库。

第 2 行中有 $n$ 个正整数，表示 $n$ 个仓库的库存量。

输出描述：总效益最大值与最小值。

样例输入：

```
5
17 9 14 16 4
```

样例输出：

```
11
```

### 9. 工厂机器调度

问题描述：我们的几何公主已经停止了她在计算几何方面的学习，集中精力在她新开的工厂。她的工厂引进了 $m$ 台新机器来处理即将到来的 $n$ 项任务。对于第 $i$ 项任务，工厂必须在第 $S_i$ 天或之后开始处理，处理 $P_i$ 天，并在第 $E_i$ 天或之前完成任务。一台机器一次只能处理一个任务，而每个任务一次最多只能由一台机器处理。但是，一个任务可以在不同的时间在不同的机器上中断和处理。现在她想知道是否有一个可行的时间表来按时完成所有的任务。$n \leqslant 600$ 和 $m \leqslant 300$。

输入描述：第 1 行中有 2 个正整数 $n$、$m$，表示任务数与机器数。

第 2 行开始输入 $S_i$、$P_i$、$E_i$，表示对于第 $i$ 项任务，工厂必须在第 $S_i$ 天或之后开始处理，处理 $P_i$ 天，并在第 $E_i$ 天或之前完成任务。

输出描述：是否有一个可行的时间表来按时完成所有的任务（YES/NO）。

样例输入：

```
4 3
1 3 5
1 1 4
2 3 7
3 5 9
```

样例输出：

```
YES
```

### 10. 奶牛派对

问题描述：$N$ 个农场各一头奶牛($1 \leqslant N \leqslant 1000$)，将参加在农场 $X$ 举行的大型奶牛派对($1 \leqslant X \leqslant N$)。共 $M$($1 \leqslant M \leqslant 100000$)单向道路连接成对农场；道路 $i$ 需要 $T_i$($1 \leqslant T_i \leqslant 100$)分钟。每头奶牛都必须步行去参加派对，派对结束后，回到所属农场。每头奶牛都是懒惰的，因此都想选择一条时间最短的最佳路线。因为道路是单向的，一头奶牛的返回路线可能不同于它最初到派对的路线。在所有的奶牛中，步行去派对和回来的时间最长是多少？

输入描述：第 1 行输入 3 个用空格隔开的整数，表示农场数、道路数、派对位置。

第 2 行到第 $M+1$ 行，每行输入 3 个整数：$A_i$、$B_i$ 以及 $T_i$，表示一条道路的源点、终点和需要花费的时间。

输出描述：一个整数，即所有参加派对的奶牛中，需要花费总时间的最大值。

样例输入：

```
4 8 2
1 2 4
1 3 2
1 4 7
2 1 1
2 3 5
3 1 2
3 4 4
4 2 3
```

样例输出：

```
10
```

# 计 算 几 何

## ◆ 10.1 概　　述

计算几何是算法设计和分析的一个子领域,被用于处理高效的数据结构问题和算法有关的几何问题。计算几何研究的问题主要集中在二维空间上,对三维空间的研究较少。在研究多维空间的问题时,通常假设空间的维数是一个小常数(10 或更低的数)。由于该领域是由受过离散算法训练的研究人员开发的,因此该领域也更加关注几何问题的离散性,而不是连续性问题。计算几何主要处理直线或平面对象(直线、线段、多边形、平面和多面体)或简单的曲线对象(如圆)。这与诸如实体建模之类的领域形成了对比,后者主要研究更复杂的曲线和曲面问题。计算几何最初只是建立在理论基础上,但在过去的几年中得到越来越多的应用。大多数应用都来自计算机图形学、机器人学、地理信息系统等领域。

### 1. 计算机图形学

计算机图形学通过可视化的方式将创建的场景模型展现在计算机屏幕、打印机或其他输出设备上。这些场景可以是由简单的线条、多边形和其他原始对象组成的二维图形,也可以是逼真的三维场景(包括光源、纹理等)。后一种类型的场景通常由超过 100 万个多边形或曲面片组成。

由于这些场景模型是由几何对象组成的,所以几何算法在计算机图形学中占有重要的地位。

对于二维图形,典型的问题包括基元之间的交集、确定鼠标指向的基元或确定位于特定区域内的基元子集。

在处理三维问题时,几何问题变得更加复杂。显示三维场景的一个关键步骤是消除隐藏面:准确计算出从特定视点可见的那部分场景,或者换句话说,丢弃被其他面所遮挡的那部分。

为了创建出逼真的场景,必须考虑光线问题。这就产生了许多新的问题,例如阴影的计算。因此,真实图像合成需要复杂的显示技术,如光线跟踪和光能传递。在处理移动对象和虚拟现实应用程序时,检测对象之间的碰撞非常重要。所有这些情况都涉及几何问题。

**2. 机器人学**

机器人学研究机器人的设计和使用。由于机器人是在真实世界的三维空间中工作的几何物体,因此,几何问题在许多地方都会出现。例如运动规划问题,机器人必须在有障碍物的环境中找到一条可行路径。运动规划是任务规划中更普遍的问题之一。这包括计划如何移动、计划执行子任务的顺序等。

在设计机器人和解决机器人工作的工作单元时,还会出现其他几何问题。大多数工业机器人都是有固定底座的机械臂。通过机械臂操作的部件必须是机械臂能够轻松抓取到的。有些部件可能需要固定,这样机器人才能在上面工作。在机器人对它们进行操作之前,它们可能还必须转向一个已知的方向。这些都是几何问题,有时也会有运动学。

**3. 地理信息系统**

地理信息系统,简称 GIS,存储城市的坐标、山脉高度、河流走向、不同地点的植被类型、人口密度或降雨量等地理数据。它们还可以存储城市、公路、铁路、电线或煤气管道等人造结构。地理信息系统可以用来提取某些地区的信息,特别是获取不同类型数据之间关系的信息。例如,生物学家可能希望将平均降雨量与某些植物的存在联系起来,土木工程师可能需要查询地理信息系统,以确定在要进行挖掘工程的地段下面是否有燃气管道。

由于大多数地理信息都涉及地球表面的点和区域,因此这种情况会出现大量的几何问题。由此产生的数据量是巨大的,我们必须设计高效的算法来求解问题。

## 10.2 相关几何知识

### 10.2.1 向量

对于计算应用来说,用斜率和截距来描述事物是非常不方便的。有太多的特殊的问题会出现除数为零的情况,此时,可以用向量来描述这些问题。

人们通常用一条带箭头的直线表示向量。直线的长度表示向量的大小,箭头的方向表示向量的方向,通常称源点(没有箭头)为向量的尾部,终点(有箭头)为向量的头部。

**1. 位置向量**

在处理点时,我们考虑的是位置向量。点 $P$ 的位置向量是尾部在原点 $O$,头部在 $P$ 的向量。如果点 $P$ 的坐标为 $(x, y)$,那么向量也由两个数字 $x$ 和 $y$ 表示,通常写为 $\begin{bmatrix} x \\ y \end{bmatrix}$。$P$ 的位置向量通常用 $P$ 或 $OP$ 表示。

在代码中,通常使用类或结构体来实现这一点。

**2. 向量的加法和减法**

向量的加减运算只需将每个向量对应的部分相加或者相减:

$$\begin{bmatrix} x_1 \\ y_1 \end{bmatrix} + \begin{bmatrix} x_2 \\ y_2 \end{bmatrix} = \begin{bmatrix} x_1 + x_2 \\ y_1 + y_2 \end{bmatrix}$$

$$\begin{bmatrix} x_1 \\ y_1 \end{bmatrix} - \begin{bmatrix} x_2 \\ y_2 \end{bmatrix} = \begin{bmatrix} x_1 - x_2 \\ y_1 - y_2 \end{bmatrix}$$

向量加法的几何表示如图 10.1 所示,如果位置向量 **a** 和 **b** 相加,首先确定 **a** 的位置,然后移动 **b**(不可旋转),使其尾部位于 **a** 的头部。**b** 的头部位置是位置向量 **a**+**b** 的头,而它的尾部在原点。如果先确定 **b** 的位置,然后移动 **a**,结果还是一样的,如图 10.1 所示。

图 10.1　向量加法

如果位置向量 **a** 和 **b** 相减,则相当于位置向量 **a** 和 −**b** 相加,−**b** 与 **b** 的区别只是方向相反。

### 3. 向量缩放

将向量乘以一个系数可以更改向量的大小,但不改变方向。例如,如果将一个向量乘以 2,它就会变成原来的 2 倍长。乘以 1/3 它就会缩小到原来长度的 1/3。

$$c \cdot \begin{bmatrix} x \\ y \end{bmatrix} = \begin{bmatrix} cx \\ cy \end{bmatrix}$$

### 4. 向量的模

**P** 的长度即向量的模,表示为 $\|\boldsymbol{P}\|$。如果 $\boldsymbol{P}=(x,y)$,则 $\|\boldsymbol{P}\|=\sqrt{x^2+y^2}$,这个表示很容易理解,是坐标系中基本距离公式的应用。

### 5. 向量的方向

如何测量向量的方向?最方便的方法就是利用向量与水平面的夹角。$\begin{bmatrix} x \\ y \end{bmatrix}$ 的方向可以计算为 $\theta=\arctan\left(\dfrac{y}{x}\right)$。

**注意**:这里可能存在除数为零的问题。可以用 C++ 和 Java 的 atan2 函数解决这个问题。函数的参数是弧度而不是角度值。

### 6. 单位向量

另一种表示方向的方法是用单位向量。所有单位向量的长度都为 1,所以唯一重要的是它的方向。例如,向量 $\begin{bmatrix} 0 \\ 1 \end{bmatrix}$ 是沿 $y$ 轴方向的单位向量,而 $\begin{bmatrix} \dfrac{1}{\sqrt{2}} \\ \dfrac{1}{\sqrt{2}} \end{bmatrix}$ 是与水平面夹角为 45°的单位向量。

给定一个向量 **P**,沿着这个方向的单位向量为 $\dfrac{\boldsymbol{P}}{\|\boldsymbol{P}\|}$。可理解为,将该向量除以它的模,该向量的长度缩放为 1。

沿 $x$ 轴和 $y$ 轴的单位向量通常表示为 $\hat{\boldsymbol{i}}$ 和 $\hat{\boldsymbol{j}}$(在三维空间中,$\hat{\boldsymbol{k}}$ 表示 $z$ 轴单位向量)。这给了我们另一种表示法。例如,可以把(3,4)的位置向量写成 $3\hat{\boldsymbol{i}}+4\hat{\boldsymbol{j}}$。

**7. 线段**

也经常用向量来表示线段 $AB$，其中 $A$ 和 $B$ 是两个点。向量的模是线段的长度，方向是线段的方向。

可得到：$AB = B - A$。只需减去位置向量，但请注意，是"头减去尾"。如果反过来做，会得到相反的向量。

**8. 多边形**

通常认为多边形由多个点连接而成，并且最后一个点与第一个点重合。多边形有 3 大类。

(1) 凸面：所有内角小于 $180°$，如图 10.2 所示。

(2) 凹面：一个或多个内角大于 $180°$，如图 10.3 所示。

(3) 复杂图形：存在一条或多条边相交，如图 10.4 所示。

图 10.2　凸面　　　　　图 10.3　凹面　　　　　图 10.4　复杂图形

一般来说，将 $n$ 边形的 $n$ 个点记为 $P_0, P_1, \cdots, P_{n-1}$。因为多边形是闭合的，所以可以说 $P_0 = P_n$。

## 10.2.2　点积和叉积

向量的积有两种类型：一种返回一个数字；另一种返回一个新的向量。

在下面的讨论中，$p$ 和 $q$ 为向量，对应地，$p = (x_1, y_1)$、$q = (x_2, y_2)$。

**1. 点积**

点积，也称为 $p$ 和 $q$ 的数量积，表示为 $p \cdot q$，且 $p \cdot q = x_1 x_2 + y_1 y_2$。或者，可以将其计算为 $\|p\|\|q\|\cos\theta$，其中 $\theta$ 是两个向量之间的夹角。

**2. 叉积**

$p$ 和 $q$ 的叉积，也称为向量积，表示为 $p \times q$。与点积不同，叉积的结果是一个向量。

$p \times q$ 的大小为 $x_1 y_2 - x_2 y_1$。另一种计算方法是 $\|p\|\|q\|\sin\theta$，其中 $\theta$ 是两个向量之间的夹角。

计算出的向量的方向是一个垂直于 $p$ 和 $q$ 的向量，可由右手定则给出。

现实情况中，模的大小总是正的，但是这里给出的表达式可以是负的。正负号可以表示向量的方向，对于将要讨论的基本算法是非常有用的。

### 10.2.3　基本应用

**1. 零测试**

如果两个向量之间的夹角是 $\pi/2$ 或 $-\pi/2$（即两向量垂直），余弦系数为 0，因此点积也为 0。这是一个非常简单的垂直度测试。

如果两个向量之间的夹角为 0 或 $\pi$（即它们指向同一方向或相反方向），那么正弦系数为 0，因此叉积为 0。这个测试最常见的应用是检查 3 个点是否在一条线上。要测试 $A$、$B$ 和 $C$ 是否在一条线上，只需检查 $AB \times AC$ 是否等于 0。

**2. 模**

可以用点积来计算 $\boldsymbol{p}$ 的模，为 $\sqrt{\boldsymbol{p} \cdot \boldsymbol{p}}$。如果可以，可用平方来代替，这避免了平方根的舍入误差，并且如果所有点的坐标是整数（非常常见），这样计算也很方便。

**3. 角度**

计算两个向量 $\boldsymbol{p}$ 和 $\boldsymbol{q}$ 之间的夹角，可以使用以下关系式：

$$\frac{\boldsymbol{p} \times \boldsymbol{q}}{\boldsymbol{p} \cdot \boldsymbol{q}} = \frac{\|\boldsymbol{p}\|\|\boldsymbol{q}\|\sin\theta}{\|\boldsymbol{p}\|\|\boldsymbol{q}\|\cos\theta} = \tan\theta$$

**4. 面积**

三角形 $ABC$ 的面积为 $\dfrac{1}{2}\|AB \times AC\|$。如果有一个平行四边形 $ABCD$，它的面积为 $\|AB \times AC\|$。

需要注意的一点是，这个面积是一个有符号的值，所以它可以是负数。运算时请取绝对值。

对于多边形的每条边（两个相邻顶点连接的边），通过从每个点对 $x$ 轴做一条垂直线创建一个梯形，如图 10.5 所示。

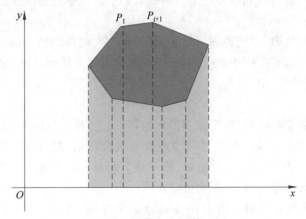

图 10.5　计算多边形的面积

设顶点 $P_i(x_i, y_i)$ 和 $P_{i+1}(x_{i+1}, y_{i+1})$，那么这个梯形带符号的面积值由下式给出：

$$A_i = \frac{1}{2}(x_{i+1} - x_i)(y_i - y_{i+1})$$

将多边形每条边的梯形面积(带符号)相加,就得到了多边形的面积(带符号)。同样,不要忘记在最后取绝对值。

$$A = \sum_{i=0}^{n-1} A_i$$

可以证出,通过对多边形每条边的位置向量的叉积求和,可以获得相同的结果:

$$A = \frac{1}{2} \sum_{i=0}^{n-1} \| P_i \times P_{i+1} \|$$

### 10.2.4　点是否在面内

常见的操作是检查点 $Q$ 是否包含在多边形中。可以使用两个向量之间的角度公式来实现。对于多边形每对相邻顶点 $P_i$ 和 $P_{i+1}$,取向量 $QP_i$ 和 $QP_{i+1}$,计算它们之间的角度并求和,取结果的绝对值,如图 10.6 所示。

$\theta=0$            $\theta=2\pi$

图 10.6　点在多边形内部和点在多边形外部

(1) 如果结果为 0,则该点位于多边形外部。

(2) 如果结果为 $2\pi$,则该点在多边形内部。

(3) 如果结果为 $\pi$,则该点位于多边形的边上。

该算法适用于凸多边形和凹多边形。但是,当点 $Q$ 与多边形的顶点相同时,该算法会失败,但这很容易检查出来。

在解决这样的问题时,一定要弄清楚它是如何定义"内部"和"外部"的。点位于边或顶点上的情况可以属于"内""外"中的一种,也可以认为不属于任何一种,取决于具体问题。

### 10.2.5　方向

为了区别图形各部分的特性,需要对图形的点进行一种几何运算,这种计算类似于数字的比较关系运算。由于 $d$ 维空间中的两个点没有内在联系,没有自然而然的比较方式,但是在 $d$ 维空间中点的有序 $(d+1)$ 元组中,两个点之间是存在一种自然联系的,这种联系扩展了一维空间中二元关系的概念,称为方向。

例如,在二维空间中是用点的有序 3 元组定义方向。因为二维空间是一个平面,用1 个点或者 2 个点都不足以定义方向,最少需要 3 个点(并且是有顺序的 3 个点)才能定义方向。

给定平面上点的有序三元组 $<p,q,r>$,如果它们的方向是逆时针,则它们的方向为正；如果它们的方向是顺时针，则它们的方向为负；如果它们共线，则它们的方向为零，如图 10.7 所示。注意，方向取决于点的给定顺序。

方向为正　　　方向为负　　　方向为零　　　方向为零

图 10.7　有序三元组的方向

方向定义为齐次坐标中给定点的行列式，即每个坐标前加 1。

$$O(p,q,r) = \det \begin{pmatrix} 1 & p_x & p_y \\ 1 & q_x & q_y \\ 1 & r_x & r_y \end{pmatrix}$$

例如，在平面上，可观察到在一维情况下，方向 $(p,q)$ 表示为 $(q-p)$。因此，如果 $p<q$，则方向为正；如果 $p=q$，则为零；如果 $p>q$，则方向为负。因此，在一维空间中运算符号 $<$、$=$、$>$ 可推导出向量的方向。还要注意，如果点被平移、旋转或缩放（比例系数为正），则有序三元组的方向符号不变。例如 $f(x,y)=(-x,y)$，称为反射转换，改变横坐标的符号，方向随之变换。一般来说，点的变换会引起矩阵符号的改变，方向也就会发生变化。

一般来说，给定三维空间中的有序四元组的点，也可以将它们的方向定义为正（正螺旋）、负（负螺旋）或零（共面）。这可以推广到 $d$ 维空间中的任意有序 $(d+1)$ 元组的点。

## 10.2.6　面积和角度

方向行列式和欧几里得范数可用于计算平面中的角度。行列式 $O(p,q,r)$ 等于三角形 $\triangle pqr$ 面积（带符号）的 2 倍（逆时针方向为正，反之为负）。因此，三角形的面积可以用这个量除以 2 来确定。一般来说，在 $d$ 维空间中，由 $d+1$ 个点构成的简单图形的面积可以用这个行列式除以 $d!$ 来确定。一旦知道一个三角形的面积，就可以用三角形面积之和来计算一个多边形的面积。

前面讲过，点积的返回值是一个角度的余弦。但是，这对区分角度的正负没有帮助。角 $\theta=\angle pqr$（向量 $p-q$ 到向量 $r-q$ 的角度）可计算为

$$\sin\theta = |p-q||r-q|O(q,p,r) \quad (\text{注意参数的顺序})$$

知道了角的正弦和余弦，就可以确定角度。

## 10.2.7　凸性

现在考虑计算几何中的一个基本结构，称为凸包。凸包可以通过用一根弦环绕一组点并让弦紧紧地围绕这些点来直观地定义（稍后将给出更正式的定义），如图 10.8 所示。

点集的凸包是一种重要的几何结构，其原因是多方面的。其一，它是一组点的最简单的近似形状之一。它也可以用于近似表示更复杂的形状。例如，平面中的多边形或三维空间中的多面体的凸包就是其顶点的凸包。

还有许多算法将凸包作为执行的初始阶段来计算，或者过滤掉不相关的点。例如，为了找到包围一组点的最小矩形或三角形，必须先计算点的凸包，然后找到将凸包包围的最小矩形或三角形。

图 10.8　点集及其凸包

凸性：给定任意点 $p,q \in S$，则如果集合 $S$ 是凸的，那么 $p$ 和 $q$ 的任何凸组合都在 $S$ 中，也可以说线段 $\overline{pq} \subseteq S$。

凸包：任何集合 $S$ 的凸包是包含 $S$ 的所有凸集的交集，或者更直观地说，是包含 $S$ 的最小凸集。按照本书中的符号，将它表示为 CH($S$)。

凸包的一个等价的定义是：可以表示为 $S$ 中点的凸组合的点集(可以在任何关于凸性理论的书中找到证明)。3 个或更多点的凸组合的系数总和为 1，且所有系数都在区间$[0,1]$内。

点到直线
的距离

## ◈ 10.3　计算几何示例与分析

### 10.3.1　点到直线的距离、判断线段是否相交

例 10.1　给出一个点 $A$ 和一条直线 $BC$，点和直线均以坐标形式给出：$A(x_1,y_1)$、$B(x_2,y_2)$、$C(x_3,y_3)$，现要求出点 $A$ 到直线 $BC$ 的距离，如图 10.9 所示。

图 10.9　点到直线的距离

解题思路(要求用多种方法求解点到直线的距离)：

方法 1：如果已知一条直线的方程($Ax+By+C=0$)和一个点的坐标$(x,y)$，那么可以直接利用点到直线的距离公式：

$$d = \left| \frac{Ax + By + C}{\sqrt{A^2 + B^2}} \right|$$

方法 2：已知 3 点的坐标，也就是此题中给出的例子，那么可以利用向量公式(当然也可以根据两点坐标直接求出直线方程，再利用上述方法。这里用一种新的方法)。

(1) 根据向量公式 $BC \cdot BA = \|BC\| \cdot \|BA\| \cdot \cos B$，求出 $\cos B$。

(2) 可以很快求出 $BD$，$BD = AB \cdot \cos B$，可以直接利用向量公式求出。

(3) 在求出 $BD$ 后，可以直接用勾股定理求出 $AD$($AB^2 = BD^2 + AD^2$)，即 $A$ 到 $BC$ 的距离。注意，以上 $AB$、$BD$、$AD$ 都表示向量长度，即 $BD = \|BD\|$。

这样可以在 $O(1)$ 的复杂度内求出答案。

这里给出的是点的坐标，所以选用第二种方法。

代码如下。

```
struct Point{                           //点
    double x,y;
};
struct Vec{                             //向量
```

```
    double x,y;
};
double dis(Point pos1,Point pos2){              //两点间求距离的平方
    return (pos1.x -pos2.x) * (pos1.x -pos2.x) +(pos1.y -pos2.y) * (pos1.y -
pos2.y);
}
double mul(Vec a,Vec b){                        //向量积
    return a.x * b.x +a.y * b.y;
}

int main (){
    Point A,B,C;
    cin>>A.x>>A.y>>B.x>>B.y>>C.x>>C.y;
    Vec BA,BC;
    BA.x = A.x -B.x;
    BA.y = A.y -B.y;
    BC.x = C.x -B.x;
    BC.y = C.y -B.y;
    double ji = mul(BA,BC);                      //求出两向量的向量积
    double len_BD = ji / sqrt(dis(B,C));         //求出 BD 的长度
    double ans = sqrt(dis(A,B) -len_BD * len_BD); //由勾股定理得到答案
    cout<<ans<<endl;
    return 0;
}
```

样例输入:

```
0 2 -1 0 1 0
```

样例输出:

```
2.000
```

样例解释:

(1) 求出两向量 $BA(1,2)$, $BC(2,0)$, 求出向量积 $x=1\times2+2\times0=2$, 如图 10.10 所示。

(2) 求出 $BC$ 长度, $BC=2$, 求出 $BD$($BD$ 实际为 $BA$ 向量在 $BC$ 上的投影), $BD=x/BC=1$, 如图 10.11 所示。

图 10.10　两个向量

图 10.11　$BA$ 到 $BC$ 的投影

(3) 最后由勾股定理求出 $AD=\sqrt{2-1}=1$。

例 10.2 给出平面内两条线段的端点,判断两条线段是否相交(重合或者有一个交点都算相交),如果相交输出 1,否则输出 0。

输入描述:一行 8 个整数 $x_1, y_1, x_2, y_2, x_3, y_3, x_4, y_4$,分别代表两条线段的 4 个端点的坐标。

输出描述:一个整数(1 或 0),代表两条线段是否相交。

解题思路:首先需要知道向量叉积的定理,若已知两向量 **A**、**B**,若向量叉积 **A×B** 的值大于 0,则 **A** 在 **B** 的顺时针方向,若小于 0 则 **A** 在 **B** 的逆时针方向,若等于 0 则说明两向量平行。

如图 10.12 所示,$OA$ 向量在 $OB$ 向量的逆时针方向。

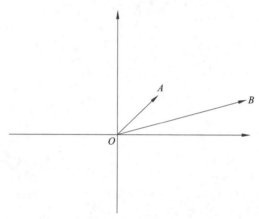

图 10.12 向量叉积

若已知向量 $\boldsymbol{a}(x_1, y_1)$、$\boldsymbol{b}(x_2, y_2)$,下面给出了向量叉积的计算公式。

$$\boldsymbol{a} \times \boldsymbol{b} \Rightarrow \begin{pmatrix} x_1 & y_1 \\ x_2 & y_2 \end{pmatrix} \Rightarrow x_1 \times y_2 - x_2 \times y_1$$

了解完向量叉积的定义后该如何解决线段相交的问题呢?首先考虑一条直线 $AB$ 与一条线段 $CD$ 相交的问题。

如果 $C$ 点和 $D$ 点分别在直线的两端,那么就可以得出线段 $CD$ 与直线 $AB$ 相交。

如图 10.13 所示,$AC$ 向量在 $AB$ 向量的逆时针方向,而 $AD$ 向量在 $AB$ 向量的顺时针方向,即 $C$、$D$ 分别在直线 $AB$ 两侧,可以得出线段 $CD$ 与直线 $AB$ 相交。

下面进一步讨论线段与线段相交的问题。

但是如果 $AB$ 也是线段,就会出现如图 10.14 所示的情况。

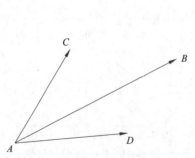

图 10.13 直线 $AB$、线段 $CD$ 相交

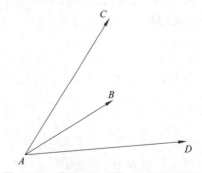

图 10.14 线段 $AB$、线段 $CD$ 不相交情况

虽然现在满足了 $C$、$D$ 分别在线段 $AB$ 的两侧,但两条线段并不相交,那这应该如何解决呢?

可以发现此时 $A$、$B$ 在线段 $CD$ 的同侧,所以它不满足相交,如果 $A$、$B$ 也在线段 $CD$ 的异侧,那就可以判定线段相交了。

可以得出结论:对于两条线段 $AB$、$CD$,如果点 $A$、$B$ 分别在线段 $CD$ 的异侧且点 $C$、$D$ 分别在线段 $AB$ 的异侧,那么就可以得出两条线段相交。

代码如下。

```cpp
struct Point{       //点
    double x,y;
};
struct Vec{         //向量
    double x,y;
};
double mul(Vec a,Vec b){
    return a.x * b.y -a.y * b.x;
}
bool cal(Point A,Point B,Point C,Point D){      //判断点 A、B 是否在 CD 的异侧
    Vec CA = {A.x -C.x,A.y -C.y};
    Vec CD = {D.x -C.x,D.y -C.y};
    Vec CB = {B.x -C.x,B.y -C.y};
    double ans1 = mul(CA,CD);                   //求 CA、CD 的向量积
    double ans2 = mul(CB,CD);                   //求 CB、CD 的向量积
    if(ans1 * ans2 <= 0) return 1;              //异号说明不在同侧
    return 0;
}
bool check(Point A,Point B,Point C,Point D){    //同时满足分别在异侧
    if(cal(A,B,C,D) == 0) return 0;
    if(cal(C,D,A,B) == 0) return 0;
    return 1;
}
int main(){
    Point A,B,C,D;
    cin>>A.x>>A.y>>B.x>>B.y>>C.x>>C.y>>D.x>>D.y;
    cout<<check(A,B,C,D)<<endl;
    return 0;
}
```

样例输入:

```
0 5 10 -5 -15 0 10 0
```

样例输出:

```
1
```

样例解释(见图 10.15):

首先分别求出 $CA$、$CD$、$CB$ 3 个向量为 $CA(15,5)$,$CD(25,0)$,$CB(25,-15)$。

再求出 $CA \times CD = 125$,$CB \times CD = -375$。两者异号,说明点 $A$、$B$ 在线段 $CD$ 的异侧。

同理可以得出点 $C$、$D$ 也在线段 $AB$ 的异侧,因此可以得出两线段相交。

图 10.15 线段相交

### 10.3.2 凸包问题(极角排序)

**例 10.3** 给出 $n$ 个点其中一定包含 $(0,0)$ 点,这 $n$ 个点构成凸多边形(如果一个多边形中任意两个顶点的线段都包含在多边形内,则称为凸多边形)且不存在 3 个点在同一直线上,请以 $(0,0)$ 为起点按逆时针顺序输出这 $n$ 个点,如图 10.16 所示。

**解题思路:** 首先了解一下极角排序的概念。

如图 10.17 所示,在平面内取一个定点 $O$,称为极点,引一条射线 $Ox$,称为极轴,再选定一个长度单位和角度的正方向(通常取逆时针方向)。对于平面内任何一点 $M$,用 $\rho$ 表示线段 $OM$ 的长度(有时也用 $r$ 表示),$\theta$ 表示从 $Ox$ 到 $OM$ 的角度,$\rho$ 称为点 $M$ 的极径,$\theta$ 称为点 $M$ 的极角,有序数对 $(\rho,\theta)$ 就称为 $M$ 的极坐标。

图 10.16 凸多边形　　　　　　　　　图 10.17 极角

极角排序即对于平面内的一些点,把它们按照选定的点为中心按极角大小排成顺(逆)时针。

在例 10.1 中,已经了解到了叉积的定义,对于两个向量可以根据它们的叉积的正负来判断它们的相对位置。要按照逆时针方向对点进行排序,在选定极点 $O$ 后,如果向量 $OA$ 在向量 $OB$ 的顺时针方向,那么就可以让 $A$ 点排在 $B$ 点的前面。这样就可以根据叉积的正负来确定排序规则。

在图 10.18 中对于向量 $OC$ 和向量 $OD$，它们的叉积 $OC \times OD > 0$，我们让 $C$ 排在 $D$ 的前面。同时，定义出 sort 的排序规则，最后直接用 sort 排序。时间复杂度为 $O(n\log_2 n)$。

图 10.18　极角排序

代码如下。

```
int n;
struct Point{        //点
    double x, y;
}p[maxn];
Point C;
struct Vec{          //向量
    double x, y;
};
double mul(Vec a, Vec b){
    return a.x * b.y - a.y * b.x;
}
bool cmp(Point A, Point B){
    Vec CA = {A.x - C.x, A.y - C.y};
    Vec CB = {B.x - C.x, B.y - C.y};
    return mul(CA, CB) > 0;
}
int main (){
  cin>>n;
  for(int i = 1; i <= n; i++){
      cin>>p[i].x>>p[i].y;
  }
  C = {p[1].x, p[1].y};
  sort(p + 2, p + n + 1, cmp);
  for(int i = 1; i <= n; i++){
      cout<<p[i].x <<" "<<p[i].y<<endl;
```

```
    }
    return 0;
}
```

样例输入：

```
10
0 0
70 - 50
60 30
- 30 - 50
80 20
50 - 60
90 - 20
- 30 - 40
- 10 - 60
90 10
```

样例输出：

```
0 0
- 30 - 40
- 30 - 50
- 10 - 60
50 - 60
70 - 50
90 - 20
90 10
80 20
60 30
```

样例解释：以(0,0)为极点按极角排序规则排序后可得到答案。

### 10.3.3　利用叉积计算多边形面积

利用叉积
计算多边
形面积

例 10.4　平面内的 $n$ 个点围成了一个凸多边形，现按逆时针方向的顺序给出这 $n$ 个点的坐标，求这个凸多边形的面积。

解题思路：如果是一个三角形，有很多方法可以求出它的面积，如果是多边形，可以把它分成多个三角形进行计算。

对于一个有 $n$ 个点的多边形，可以把这个多边形分成 $n-2$ 个三角形，然后对这些三角形的面积求和。

如图 10.19 所示的多边形，可以把它分割成 6 个三角形求解。

求三角形面积可以用如下两种方法之一进行求解。

(1) 先求出 3 条边的长度，然后用海伦公式即可得出三角形面积。

$$S = \sqrt{P(P-a)(P-b)(P-c)} \quad (P \text{ 为三角形周长的一半})$$

（2）三角形两条边的向量的叉积就是三角形面积的 2 倍，只要求出叉积除以二就能求出三角形面积。如图 10.20 所示的三角形面积为 $AB \times AC / 2$。

图 10.19　凸多边形面积　　　　　　　图 10.20　三角形面积计算

第二种方法的精度更高，所以在此题中用第二种方法求三角形面积。

效率分析：只需要遍历一遍每个三角形，复杂度 $O(n)$。

代码如下。

```cpp
int n;
struct Point{                              //点
    double x, y;
}p[maxn];
Point C;
struct Vec{                                //向量
    double x, y;
};
double mul(Vec a, Vec b){                  //叉积
    return a.x * b.y - a.y * b.x;
}
double cal(Point A, Point B, Point C){     //用叉积求三角形面积
    Vec AC = {C.x - A.x, C.y - A.y};
    Vec AB = {B.x - A.x, B.y - A.y};
    return mul(AB, AC) / 2;
}
double getans(){                           //求多边形面积
    double ans = 0;
    for(int i = 2; i + 1 <= n; i++){
        ans += cal(p[1], p[i], p[i + 1]);
    }
    return ans;
}
int main(){
    cin>>n;
    for(int i = 1; i <= n; i++){
        cin>>p[i].x>>p[i].y;
```

```
    }
    cout<<getans()<<endl;
    return 0;
}
```

对于图 10.21 所示的边长为 10 的正方形,固定点 $A$,和其他点两两构成三角形,在这里可以把它分成两个三角形 $ABC$ 和 $ACD$。

图 10.21　多边形面积求解方法

样例解释:对于图 10.21 的多边形,固定点 $A$,和其他点两两构成三角形,在这里可以把它分成两个三角形 $ABC$ 和 $ACD$。

$$AB(10,0),AC(10,10) \Rightarrow S(ABC) = \frac{1}{2} \times 10 \times 10 = 50$$

$$AC(10,10),AD(0,10) \Rightarrow S(ACD) = \frac{1}{2} \times 10 \times 10 = 50$$

$$S(ABCD) = S(ABC) + S(ACD) = 100$$

# ◈ 10.4　能 力 拓 展

## 10.4.1　不同直线计数

二维平面上有 $n$ 条由点对 $(x_1,y_1)$、$(x_2,y_2)$ 构成的直线,但可能有多条直线表示的是同一条直线,请问平面上一共有多少条不同的直线?

根据两点可以确定一条直线,根据两点可以求出直线的斜截式,即 $y=kx+b$ 的形式。利用 map 来保存直线的 $k$ 和 $b$,这样就可以求出直线的条数了。

但是有几个需要注意的地方。

(1) 已知两点的坐标,可以得出 $k=(y_2-y_1)/(x_2-x_1)$,$b=(x_1 \times y_2 - x_2 \times y_1)/(x_2-x_1)$。

(2) 如果直接用小数会有浮点误差,也就是说原本斜率相差很小的两条直线可能会被当作一条直线。所以在此题中用分数的形式来保存斜率和截距。

(3) 还存在斜率不存在的情况,也就是 $x_2=x_1$,这种情况可以特殊考虑。

(4) 最后在用分数表示一个数时,要化简成最简分数的形式。

代码如下。

```
typedef long long ll;
map<pair<pair<ll,ll>,pair<ll,ll>>,int> mp;
map<ll,int>m;
pair<ll,ll> k,b;
ll gcd(ll a,ll b) {
    if(b == 0) return a;
    return gcd(b,a %b);
}
```

```
int main() {
    int n,ans=0;
    cin>>n;
    for(int i=0; i<n; i++) {
        ll x1,y1,x2,y2;
        scanf("%lld%lld%lld%lld",&x1,&y1,&x2,&y2);
        ll x = x1 -x2,y = y1 -y2;
        ll z = x1 * y2 -x2 * y1;
        if(x1 == x2) {                  //斜率不存在
            if(m[x1]==0) ans++;
            m[x1]++;
            continue;
        }
        ll g1=gcd(x,y);                 //求 gcd
        ll g2=gcd(x,z);
        k = {y / g1, x / g1};           //化成最简分数
        b = {z / g2, x / g2};
        if(mp[{k,b}] == 0) {
            ans ++;
            mp[{k,b}]++;
        }
    }
    cout<<ans<<endl;
}
```

样例输入：

```
2
0 0 1 1
1 1 2 2
```

样例输出：

```
1
```

样例解释：两条直线表示的都是 $y=x$，所以只有一条直线。

## 10.4.2 面积最大的三角形

给定平面内的 $n$ 个点（$n \leqslant 20$），找出一个由其中 3 个点组成的面积最大的三角形，使得其他点都不在三角形内（在三角形内是指在三角形的内部或在一条边上）。

因为问题的数据范围较小，可以通过枚举 3 个点的坐标来逐一判断，其中的关键在于判断一个点是否在三角形内。

判断一个点在不在三角形内有多种方法。

（1）分别以这个点和 3 条边上的两点构成 3 个小三角形，然后求出 3 个小三角形的面

积,看 3 个小三角形的面积之和是否与大三角形相等即可。

(2) 在前面的例题中已经了解了向量的叉积的定义,在此题中可以用向量叉积来判断这个点与一条直线的相对位置,如果以顺时针方向判断点与三角形 3 条边的关系,如果这个点位于 3 条边的顺时针方向,那么就可以判断这个点在三角形内。

来看两个例子。

如图 10.22 所示,分别通过叉积判断 $D$ 在 $AB$、$BC$、$CA$ 的相对位置,$AD$ 在 $AB$ 的顺时针方向,$BD$ 在 $BC$ 的顺时针方向,$CD$ 在 $CA$ 的顺时针方向,由此就可以判断出 $D$ 在三角形 $ABC$ 的内部。

如图 10.23 所示,分别通过叉积判断虽然 $D$ 在 $AB$ 和 $CA$ 的顺时针方向,但是 $BD$ 在 $BC$ 的逆时针方向,所以判断出 $D$ 在三角形 $ABC$ 外。

图 10.22　三角形内的点　　　　　　　　图 10.23　三角形外的点

只要沿着某一方向分别判断 3 条边与点的位置关系,就可以判断出点是否在三角形内,由于不知道到底是沿逆时针还是顺时针绕行的,所以只要 3 个叉积同号,就认为点在三角形内。

效率分析:需要暴力枚举 3 个点,再枚举每个点是否在三角形内,复杂度为 $O(n^4)$。

代码如下。

```
int n;
struct Point{                              //点
    double x,y;
}p[maxn];
Point C;

struct Vec{                                //向量
    double x,y;
};
double mul(Vec a,Vec b){                   //叉积
    return a.x * b.y - a.y * b.x;
}
double cal(Point A,Point B,Point C){       //判断点与边的位置关系
    Vec AC = {C.x - A.x,C.y - A.y};
    Vec AB = {B.x - A.x,B.y - A.y};
    return mul(AB,AC);
```

```
}
bool check(Point A, Point B , Point C, Point D) {            //判断点是否在三角形内
    double ans1 = cal(A, B, D);
    double ans2 = cal(B, C, D);
    double ans3 = cal(C, A, D);
    if(ans1 >= 0 && ans2 >= 0 &&ans3 >=0) return 1;
    if(ans1 <= 0 && ans2 <= 0 &&ans3 <=0) return 1;
    return 0;
}
int main() {
    cin>>n;
    for(int i = 1; i <= n; i ++) {
        cin>>p[i].x<<p[i].y;
    }
    double ans = 0;
    for(int i = 1; i +2 <= n; i++) {
        for(int j = i +1; j +1 <= n; j++) {
            for(int k = j +1; k <= n; k++) {
                int flag = 1;
                for(int now = 1; now <= n; now ++) {
                    if(now == i || now == j || now == k) continue;
                    if(check(p[i],p[j],p[k],p[now])) {
                        flag = 0;
                    }
                }
                if(flag) {
                    ans = max(ans,abs(cal(p[i],p[j],p[k])));
                    //这里取绝对值是因为叉积的值可能为负数
                }
            }
        }
    }
    cout<<ans / 2<<endl;
    return 0;
}
```

样例输入(见图 10.24):

```
4
0 0
5 10
10 0
15 0
```

样例输出:

50

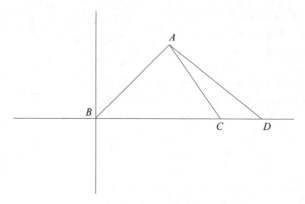

图 10.24　最大面积三角形

对于三角形 $ABC$，$D$ 在三角形外，满足要求，三角形面积为 50。

对于三角形 $ABD$，$C$ 在三角形内，不满足要求。

对于三角形 $ACD$，$B$ 在三角形外，满足要求，三角形面积为 25。

（判断是否在三角形内，在上面已经给出）

所以满足条件的最大面积三角形为 $ABC$，面积为 50。

### 10.4.3　面积最大的多边形

给出平面内的 $n$ 个点，现需要用这 $n$ 个点围成一个面积最大的多边形(可以只选部分点)，并求出这个多边形的面积。

解题思路：这个题目看上去和例 10.4 差不多，可这个题目并没有规定这 $n$ 个点刚好能构成凸多边形，点的顺序也不一定是按照顺时针或者逆时针方向给出。

显然此题要考查的重点是从这些点中把这个多边形找出来，而不是求面积。

我们来看如图 10.25 所示的例子。

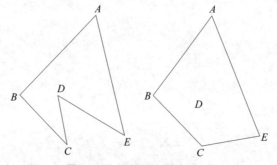

图 10.25　不同面积的多边形

图 10.25 中有 5 个点，显然采用第二种连接方法把 $CE$ 连接起来可以得到最大的面积。也就是说，只需要选择 5 个点就能构成要得到的凸多边形。该怎么去选择这些点呢？

这就需要找这些点构成的凸包(给定二维平面上的点集，凸包就是将最外层的点连接起来构成的凸多边形，它能包含点集中所有的点)。

对于凸包的求解,采用 Graham-Scan 算法。

以左下角的点为原点,按逆时针将边排序,用栈存凸包。过程如下。

(1) 找出左下角的点。

(2) 以左下角的点作为原点,将其余点逆时针排序(即极角按从小到大排序)。

(3) 将原点以及排序后第一个点压入栈内。

(4) 设栈顶为 top,按排序后的顺序逆时针枚举其他所有点;在考虑某个点时,假设栈中 top$-1$ 的点为 $A$ 点,栈顶的点为 $B$ 点,即将加入的点为 $C$ 点,如果 $AB$ 在 $AC$ 的逆时针方向($AB$ 和 $AC$ 的叉积小于 0),那么就弹出 $B$ 点,直到 $AB$ 在 $AC$ 的顺时针方向或者栈中只有一个元素,就把 $C$ 点入栈。

对于步骤(2)中点的逆时针排序,已经在例 10.2 中有所了解。

效率分析:排序的时间复杂度为 $O(n\log_2 n)$,因为每个点最多入栈一次,所以复杂度为 $O(n\log_2 n+n)$。

代码如下。

```
int n,sta[maxn],top;
struct Point{                              //点
    double x,y;
}p[maxn];
Point C;
struct Vec{                                //向量
    double x,y;
};
double dis(Point pos1,Point pos2){         //两点间求距离的平方
    return (pos1.x-pos2.x) * (pos1.x-pos2.x)+(pos1.y-pos2.y) * (pos1.y -pos2.y);
}
double mul(Vec a,Vec b){                   //叉积
    return a.x * b.y -a.y * b.x;
}
bool cmp(Point A,Point B){                 //比较函数
    Vec CA = {A.x -C.x,A.y -C.y};
    Vec CB = {B.x -C.x,B.y -C.y};
    if(mul(CA,CB) == 0){                   //在同一直线上按照距离排序
        return dis(A,C)<dis(B,C);
    }
    return mul(CA,CB) > 0;
}

double cal(Point A,Point B,Point C){       //凸包判断函数,参数 A、B、C 分别表示(栈顶-1)
                                           //元素、栈顶当前元素、即将加入元素
    Vec AC = {C.x -A.x,C.y -A.y};\
```

```
        Vec AB = {B.x -A.x, B.y -A.y};
        return mul(AB,AC);
    }


    void sel(){                                    //选择凸包中的点
        sta[1] = 1;
        sta[2] = 2;
        top = 2;
        for(int i = 3; i <= n; i++){
            while(top >= 2 && cal(p[sta[top -1]],p[sta[top]],p[i])< 0) top--;
            top ++;
            sta[top] = i;
        }
    }
    double getans(){
        double ans = 0;
        for(int i = 2; i +1 <= top; i++){
            ans += cal(p[sta[1]],p[sta[i]],p[sta[i+1]]) / 2;
        }
        return ans;
    }
    int main(){
      cin>>n;
      int root = 1;
      for(int i = 1; i <= n; i++){
          cin>>p[i].x>>p[i].y;
          if(p[i].y <p[root].y|| (p[i].y == p[root].y && p[i].x <p[root].x)){
          //找到最左下角的点
              root = i;
          }
      }
      swap(p[1],p[root]);
      C = {p[1].x,p[1].y};
      sort(p+2,p+n+1,cmp);
      sel();
      cout<<getans()<<endl;
      return 0;
    }
```

样例输入：

```
5
0 0
0 100
100 0
```

```
100 100
50 50
```

样例输出：

```
10000
```

样例解释（见图 10.26）：

图 10.26　输入样例图示

（1）首先找到左下角的点 $(0,0)$，对 5 个点进行极角排序后得到的顺序是 $A(0,0)$、$C(100,0)$、$B(50,50)$、$D(100,100)$、$E(0,100)$。

（2）接下来模拟找凸包的过程：$A$、$C$ 入栈→$B$ 入栈（$AC$、$AB$ 的叉积大于 $0$，$C$ 无须出栈）→$B$ 出栈（$CB$、$CD$ 的叉积小于 $0$，$B$ 需要出栈）→$D$ 入栈→$E$ 入栈→结束。

（3）最后栈中的点为 $A$、$C$、$D$、$E$，就是我们要找的凸多边形的顶点。

（4）找到凸包中的点后，就可以利用叉积直接求解面积。

 习　　题

1. 小河马回家

问题描述：小河马要回到它河边的家里，但它不知道怎样走是最近的，你能帮它找出最近点的位置吗？（保证河流为一条直线且无限长）。

输入描述：一行 6 个实数 $P_x$、$P_y$、$x_1$、$y_1$、$x_2$、$y_2$，分别表示小河马当前的位置和代表河流的直线。

输出描述：两个实数表示距离小河马最近的河流上的点。

2. 区域划分

问题描述：现有一块圆形区域，小郑想在圆形区域内划出一个正多边形，圆形区域的圆心和半径已经给出，规定正多边形的第一个顶点固定在圆沿着 $x$ 轴正方向最远的位置，现要求按逆时针方向输出所有顶点的坐标。

输入描述：一行 4 个整数 $x$、$y$、$r$、$n$，分别表示圆心 $(x,y)$、半径 $r$、正多边形的边数 $n$。

输出描述：$n$ 行，每行表示正多边形的每个顶点的坐标，保留两位小数。

**3. 顺逆三角**

问题描述：按顺序给出三角形的 3 个顶点的坐标 $A$、$B$、$C$，判断这 3 个点是按顺时针顺序还是逆时针顺序给出的。如果是顺时针请输出 1，否则输出 −1。

样例输入：

```
0 0 5 5 10 0
```

样例输出：

```
1
```

样例输入：

```
0 0 10 0 5 5
```

样例输出：

```
-1
```

**4. 变化的线段**

问题描述：现有一条线段被一个三角形区域给围了起来，但这条线段会改变它的长度和位置，现给出某一时刻线段的位置和三角形区域的位置，要求判断线段是否仍然被三角形区域包围(整条线段必须全部包含在三角区域才算被包围)。

输入描述：第一行 6 个实数，表示三角形 3 个顶点的坐标。

第二行 4 个实数，表示线段两端点的坐标。

输出描述：如果直线被包围，输出 Yes，否则输出 No。

样例输入：

```
0 0 100 0 0 100
10 10
```

样例输出：

```
Yes
```

**5. 旋转的齿轮**

问题描述：有 3 个相切的齿轮 A、B、C，现让 C 绕 A 和 B 旋转滑动，在旋转一定的圈数后该齿轮会回到原来的位置。现要求出 C 旋转的圈数(见图 10.27)。

输入描述：一行 3 个实数，分别表示 A、B、C 齿轮的半径。

输出描述：1 个实数，C 齿轮翻滚的圈数(结果保留 3 位小数)。

样例输入：

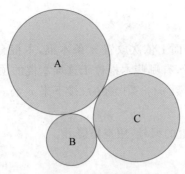

图 10.27 旋转齿轮

```
5 5 5
```

样例输出：

```
2.667
```

#### 6. 完美直线

问题描述：现给出 $n$ 条线段，是否存在一条直线，使得这条直线与每一条线段都相交，如果存在输出 Yes，否则输出 No。

输入描述：第一行 1 个整数 $n(n \leqslant 100)$，接下来 $n$ 行，每行 4 个实数 $x_1$、$y_1$、$x_2$、$y_2$ 表示线段的两个端点的坐标。

输出描述：一行，Yes 或 No，表示是否存在一条直线与所有线段相交。

样例输入：

```
3
0.0 0.0 0.0 1.0
0.0 1.0 0.0 2.0
1.0 1.0 2.0 1.0
```

样例输出：

```
Yes
```

样例输入：

```
3
0.0 0.0 0.0 1.0
0.0 2.0 0.0 3.0
1.0 1.0 2.0 1.0
```

样例输出：

```
No
```

### 7. 顶部木棍

问题描述：在一个二维平面上依次放置 $n$ 条木棍，木棍有一定的长度，厚度忽略不计。现要求出放置完所有的木棍后，有哪些木棍位于这堆木棍的顶端。

输入描述：第一行 1 个整数 $n(n \leqslant 10000)$，接下来 $n$ 行，每行 4 个整数 $x_1$、$y_1$、$x_2$、$y_2$ 表示木棍的两个端点的坐标。

输出描述：一行，顶部木棍的编号，用空格隔开。

样例输入：

```
4
0 0 5 5
-1 1 3 1
3 0 5 0
10 0 10 10
```

样例输出：

```
2 3 4
```

样例解释：2 号木棍与 1 号木棍相交，所以 1 号木棍并不位于顶端。位于顶端的木棍为 2 3 4。

### 8. 农夫的围栏

问题描述：农场有 $n$ 座粮仓，农夫想建造一个围栏，使得这个围栏中包含了所有的粮仓且每座粮仓与围栏的距离要不小于 $L$。农夫想要围栏的周长尽可能小，这样可以节省资金，你能帮帮农夫吗？

输入描述：第一行 2 个整数 $n(n \leqslant 100)$ 和 $L$，分别表示有 $n$ 座粮仓，以及粮仓与围栏间的最小距离。接下来 $n$ 行每行 2 个实数表示粮仓的坐标。

输出描述：一行，1 个整数，表示符合题意的围栏的周长(结果向下取整为整数)。

样例输入：

```
9 100
200 400
300 400
300 300
400 300
400 400
500 400
500 200
350 200
200 200
```

样例输出：

1628

### 9. 区间投影

问题描述：给出一个光源，在光源下有若干球体，现要求出所有球体在光源照射下的投影区间（只要求出 $x$ 轴方向）。如图 10.28 所示，$C$ 为光源，光源照射下球的投影为 $AB$。

图 10.28　区间投影

输入描述：第一行 1 个整数 $n(n \leqslant 100)$，表示圆的个数。

第二行 2 个整数，表示光源的位置。

接下来 $n$ 行，每行 3 个整数 $x$、$y$、$r$，分别表示圆心的位置和圆的半径。

输出描述：一行，所有投影区间的左右端点，重合的投影区间需要合并为一个。

样例输入：

```
1
300 300
300 150 90
```

样例输出：

```
75.00 525.00
```

### 10. 稳定的凸包

问题描述：给出凸包上的点，要么是顶点，要么是凸包边上的点，现要求判断能不能在原有的凸包上加一些点，得到一个更大的凸包，并且这个凸包包含原有凸包上的所有点。如果能输出 Yes，否则输出 No。

输入描述：第一行 1 个整数 $n(n \leqslant 10000)$，表示该凸包有 $n$ 个点。

接下来 $n$ 行，每行 2 个整数，表示 $n$ 个点的坐标。

输出描述：输出 Yes 或者 No。

样例输入：

```
6
0 0
1 2
```

```
3 4
2 0
2 4
5 0
```

样例输出：

```
Yes
```

# 计算复杂度理论

计算复杂度理论(Computational Complexity Theory)是融合了理论计算机科学和数学的一个重要研究领域。研究该理论的主要目的是对可计算问题的求解进行分类和比较。计算复杂度理论试图通过提出一个形式化的标准来精确地描述和分析一个数学问题是否是可行的和可判定的,也就是说,它是否可以由一个传统的计算设备在以与输入规模的多项式函数成比例的多个步骤来求解。该理论致力于将可计算问题根据它们自身的复杂程度进行分类,并研究这些类别之间的关系。

## ◆ 11.1 计 算 模 型

一个可计算问题被认为是一个原则上可以用计算机解决的问题,亦即这个问题可以用一系列机械的数学步骤解决,例如算法。"可计算"的一些常见同义词是"可解的""可判定的"和"递归的"。德国著名的数学家希尔伯特认为所有的数学问题都是可以解决的,但在 20 世纪 30 年代,丘奇(Alonzo Church)和图灵(Alan Turing)等人发现并证明了事实并非如此。对于哪些数学问题是可计算的,哪些是不可计算的,众多的学者进行了广泛的研究并进行了有效的分类。

在 20 世纪 30 年代,早在计算机出现之前,世界各地的数学家就发明了精确、独立的可计算性定义。丘奇定义了 λ 演算(lambda calculus,λ-calculus),哥德尔定义了递归函数,克莱因定义了形式系统,马尔可夫定义了 Markov 算法,波斯特和图灵定义了抽象计算机器,现在称为波斯特机和图灵机。

图灵机计算模型,最早由图灵在 1936—1937 年正式提出。图灵机是一种简单并且抽象的计算设备,用于帮助研究和分析"可计算"的范围和限制。图灵在 1936 年把这个计算模型称为"自动机器",当时是专门为计算实数而设计的。后来,丘奇在对图灵论文的评论中首次将这个计算模型命名为"图灵机"。今天,图灵机计算模型被公认为是可计算性研究和理论计算机科学最重要的基础模型之一。

图灵在他 1936 年的论文《论数字计算在判定问题中的应用》(*On Computable Numbers，with an Application to the Entscheidungs Problem*)中,介绍了他的机器并建立了它们的基本模型。他清楚而抽象地思考了机器执行计算任务意味着什么。图灵将他的机器定义为由以下部分组成。

(1) $Q$：是一组有限状态 $Q$。

(2) $\Sigma$：是一组有限的符号。

(3) $S$：是初始状态，$S \in Q$。

(4) $\delta$：是一个转换函数，用于状态的转换。

由以上定义，可以得到一个如图 11.1 所示的图灵机模型，它有一条可以向左右两边无限延伸的纸带，纸带上被均匀地划分为许多方格，每个方格可以用来存放一个符号；读写头可以用来读取或写入当前方格的符号，并可以左右移动(一格)；状态控制器可以设置一个有限状态集合，并可以存放一组操作指令的集合，控制器可以根据当前状态来执行操作指令从而完成一系列的动作。

(1) 读写头读取当前方格的符号。

(2) 读写头是否在当前方格写入一个符号。

(3) 读写头是否向左或者向右移动一格。

(4) 状态控制器转换到下一个状态。

图 11.1　图灵机计算模型

下面来看一个简单的图灵机模型。

**例 11.1**　请设计一个图灵机，识别一个由连续的若干'0'字符与连续的若干'1'字符组成的字符串中，'0'字符和'1'字符的个数是否相等(如字符串'0011''00011'等)。

解题思路：可以考虑从字符串'00…11'的两端开始，交替地用空白字符 $B$ 依次替换字符'0'和字符'1'，如果通过有限步操作后纸带上的字符'0'和字符'1'正好全部被空白 $B$ 替换完，那么就可以证明字符串中字符'0'和字符'1'的个数相等，否则字符串中字符'0'和字符'1'的个数不相等。

根据以上思路，设计一个五元组的指令集合，其中每条指令的格式为

(当前状态，读到的字符，写入的字符，读写头的移动，下一个状态)

由此可以设置控制器的操作指令集合如下：

$$(Q_0, B, B, R, Q_0)(Q_0, 0, B, R, Q_1)(Q_0, 1, 1, H, Q_r)$$
$$(Q_1, B, B, L, Q_2)(Q_1, 0, 0, R, Q_1)(Q_1, 1, 1, R, Q_1)$$
$$(Q_2, B, B, H, Q_r)(Q_2, 0, 0, H, Q_r)(Q_2, 1, B, L, Q_3)$$
$$(Q_3, B, B, H, Q_a)(Q_3, 0, 0, H, Q_r)(Q_3, 1, 1, L, Q_4)$$
$$(Q_4, B, B, R, Q_0)(Q_4, 0, 0, L, Q_4)(Q_4, 1, 1, L, Q_4)$$

其中，$Q_0$ 是状态控制器的初始状态，$Q_r$ 表示拒绝，$Q_a$ 表示接受，$L$ 表示读写头左移一格，$R$ 表示读写头右移一格，$H$ 表示读写头不移动(即图灵机停机)，$B$ 表示空白。针对实例字符串"B0011B"，来看看以上图灵机的工作过程。

（1）初始状态，读写头指向字符串最左边的 $B$，那么根据操作指令 $(Q_0,B,B,R,Q_0)$，当前位置读到 $B$，依然写入 $B$，读写头右移一格，指向字符串最左边的 0，状态转换为 $Q_0$。

（2）当前状态 $Q_0$，读写头指向字符串最左边的 0，根据操作指令 $(Q_0,0,B,R,Q_1)$，当前位置读到 0，写入 $B$，读写头右移一格，指向字符串中第二个 0，状态转换为 $Q_1$，现在纸带上的信息变为了 "BB011B"。

（3）当前状态 $Q_1$，读写头指向原字符串第二个 0，根据操作指令 $(Q_1,0,0,R,Q_1)$，当前位置读到 0，写入 0，读写头右移一格，指向原字符串中第一个 1，状态转换为 $Q_1$，现在纸带上的信息依然为 "BB011B"。

（4）当前状态 $Q_1$，读写头指向原字符串第一个 1，根据操作指令 $(Q_1,1,1,R,Q_1)$，当前位置读到 1，写入 1，读写头右移一格，指向原字符串中第二个 1，状态转换为 $Q_1$，现在纸带上的信息依然为 "BB011B"。

（5）当前状态 $Q_1$，读写头指向原字符串第二个 1，根据操作指令 $(Q_1,1,1,R,Q_1)$，当前位置读到 1，写入 1，读写头右移一格，指向原字符串中最右边的 $B$，状态转换为 $Q_1$，现在纸带上的信息依然为 "BB011B"。

（6）当前状态 $Q_1$，读写头指向原字符串最右边的 $B$，根据操作指令 $(Q_1,B,B,L,Q_2)$，当前位置读到 $B$，写入 $B$，读写头左移一格，指向原字符串中第二个 1，状态转换为 $Q_2$，现在纸带上的信息依然为 "BB011B"。

（7）当前状态 $Q_2$，读写头指向原字符串第二个 1，根据操作指令 $(Q_2,1,B,L,Q_3)$，当前位置读到 1，写入 $B$，读写头左移一格，指向原字符串中第一个 1，状态转换为 $Q_3$，现在纸带上的信息变为 "BB01BB"。

（8）当前状态 $Q_3$，读写头指向原字符串第一个 1，根据操作指令 $(Q_3,1,1,L,Q_4)$，当前位置读到 1，写入 1，读写头左移一格，指向原字符串中第二个 0，状态转换为 $Q_4$，现在纸带上的信息依然为 "BB01BB"。

（9）当前状态 $Q_4$，读写头指向原字符串第二个 0，根据操作指令 $(Q_4,0,0,L,Q_4)$，当前位置读到 0，写入 0，读写头左移一格，指向现在字符串中第二个 $B$，状态转换为 $Q_4$，现在纸带上的信息依然为 "BB01BB"。

（10）当前状态 $Q_4$，读写头指向现在字符串中第二个 $B$，根据操作指令 $(Q_4,B,B,R,Q_0)$，当前位置读到 $B$，写入 $B$，读写头右移一格，指向原字符串中第二个 0，状态转换为 $Q_0$，现在纸带上的信息依然为 "BB01BB"。

（11）当前状态 $Q_0$，读写头指向原字符串中第二个 0，根据操作指令 $(Q_0,0,B,R,Q_1)$，当前位置读到 0，写入 $B$，读写头右移一格，指向原字符串中第一个 1，状态转换为 $Q_1$，现在纸带上的信息变为 "BBB1BB"。

（12）当前状态 $Q_1$，读写头指向原字符串中第一个 1，根据操作指令 $(Q_1,1,1,R,Q_1)$，当前位置读到 1，写入 1，读写头右移一格，指向现在字符串中 1 后面的 $B$，状态转换为 $Q_1$，现在纸带上的信息依然为 "BBB1BB"。

（13）当前状态 $Q_1$，读写头指向现在字符串中 1 后面的 $B$，根据操作指令 $(Q_1,B,B,L,Q_2)$，当前位置读到 $B$，写入 $B$，读写头左移一格，指向原字符串中第一个 1，状态转换为 $Q_2$，现在纸带上的信息依然为 "BBB1BB"。

（14）当前状态 $Q_2$，读写头指向原字符串中第一个 1，根据操作指令 $(Q_2,1,B,L,Q_3)$，当前位置读到 1,写入 $B$,读写头左移一格,指向现在字符串中第三个 $B$,状态转换为 $Q_3$,现在纸带上的信息变为"BBBBBB"。

(15) 当前状态 $Q_3$,读写头指向现在字符串中第三个 $B$,根据操作指令($Q_3$, $B$, $B$, $H$, $Q_a$),当前位置读到 $B$,写入 $B$,读写头停机不动,图灵机转为接受转态,也就是原字符串中 0 和 1 的个数相等,现在纸带上的信息为"BBBBBB"。

图灵机模型的最为精妙之处是,它的模型极其简单,但是功能却极其强大。图灵机具有潜在的无限工作空间,因此它可以处理任意大的输入,例如将两个大整数做乘法运算,但它每一步只能读取或写入有限数量的信息,即一个符号。甚至在丘奇和图灵发表论文之前及在随后的发展中图灵机计算模型和所有其他数学计算模型被证明等价之前,图灵就坚信他构建的机器和任何可能的计算设备一样强大。

图灵机计算模型最初的目的是将可计算性的概念形式化,以解决数学的一个基本问题。丘奇也独立地给出了一个不同的、但逻辑上等价的计算模型。今天,绝大多数的计算机科学家同意关于所有可计算问题的描述,即对于任何可计算的问题,都可以设计构建一个图灵机模型通过有限计算来解决它。这一理论被称之为图灵论题或丘奇论题。那么,这就意味着,任何不能够用图灵机计算的问题都不可能用任何有限方法计算,即不可计算问题。

现实中,绝大多数问题都是可计算问题,因为图灵机模型只要求有限计算,而并没有时间上的限制,也许有很多问题需要所设计的图灵机用上成百上千个世纪才能得到最后的结果,但仍然是有限步骤内计算完成的,所以依然是可计算问题。

对于不可计算问题来说,停机问题(Halting Problem)是一个非常典型的案例。停机问题是逻辑数学中可计算性理论的一个问题。停机问题简单来说就是判断任意一个程序是否能在有限的时间之内结束运行的问题。该问题可以等价转化为这样一个等价判定问题:对于一个只需要一个输入的程序 $P$,以及该程序的一个输入对象 $x$,是否可以确定程序 $P$ 在以 $x$ 作为输入时会在有限时间内结束或者进入死循环。事实上,停机问题是无法解决的,也就是说,是不可计算的,没有任何一个图灵机模型可以判断一个程序是否在指定输入下停机。下面我们用反证法来简单证明该问题是不可解决的。

首先,假设停机问题是可计算的,并且将用于解决停机问题的实现程序记为 Halt。程序 Halt 设计有两个参数,分别是一个程序对象 $P$ 和一个输入对象 $x$。可以考虑程序 Halt 的算法设计如下。

```
Halt(P,x)
{
    if P(x)停机
        输出"停机";
    else
        输出"不停机";
}
```

按上述算法的描述,如果程序对象 $P$ 以对象 $x$ 作为输入时能够停机,则程序 Halt 将输出字符串"停机";否则,程序 Halt 将输出字符串"不停机"。值得注意的是,程序 Halt($P$, $x$) 对于任何程序对象 $P$ 和输入对象 $x$ 都会停机,这一点很重要。

下面再来设计另外一个程序 MyPro,该程序只有一个程序对象 $P$ 作为参数,并且将调用程序 Halt。将这个程序构造为一个有可能停机也有可能不能停机的程序。程序 MyPro 的算法设计如下。

```
MyPro(P)
{
    if Halt(P,P)              //输出了"停机"
        该程序始终运行(死循环);
    else
        停机;
}
```

根据上述算法描述,当 $P(P)$ 停机了,Halt$(P,P)$ 将输出字符串"停机",即 $P(P)$ 停机,这将导致程序 MyPro 会一直运行下去(死循环);否则,程序 MyPro 将停机。

现在让我们考虑程序 MyPro 将自己作为自己的参数进行调用,也就是调用 MyPro(MyPro),看看会出现什么情况。根据程序 Halt 的设计,如果 MyPro(MyPro) 能够停机,那么 Halt(MyPro,MyPro) 将会输出字符串"停机",然而根据程序 MyPro 的设计,因为程序 Halt(MyPro,MyPro) 输出了"停机",MyPro(MyPro) 将始终运行而不停机,矛盾产生了;另一方面,如果 MyPro(MyPro) 不停机,那么 Halt(MyPro,MyPro) 将会输出字符串"不停机",然而根据程序 MyPro 的设计,因为程序 Halt(MyPro,MyPro) 输出了"不停机",MyPro(MyPro) 将停机,也产生了矛盾。

综上所述,在假设停机问题可以解决的前提下,我们设计的程序都产生了矛盾,所以停机问题可以解决的假设是不正确的,也就是说停机问题是不可计算的,证明完毕。

## ◆ 11.2　P 类和 NP 类问题

对于可计算问题,人们总是能够写出一个低效率的算法来解决问题。例如,考虑一个非常低效率的排序算法,对于输入的 $n$ 个数据,我们的算法去测试 $n$ 个数据所有可能的排列,直到找到某种排列的结果满足排序的要求为止。显然 $n$ 个数据的排列共有 $n!$ 种,也就是说,这个算法的时间复杂度是 $O(n!)$。当 $n$ 很大时,$n!$ 会是一个天文数字,用现代的计算机来处理这个算法,也许需要经过千万年的计算才能计算出结果。此算法的运行时间将高得令人无法接受,因为它是与 $n$ 的阶乘成正比。幸运的是,对于排序问题,除了上述的低效率算法外,人们还找到了很多高效的算法,如选择排序、插入排序,这两个算法的时间复杂度都只有 $O(n^2)$。还有更有效的排序算法,如快速排序、堆排序和二路归并排序等,这些算法的时间复杂度可以达到 $O(n\log_2 n)$。这些算法使得人们在解决排序问题时可以很快地得到结果。

但是,并不是所有问题都那么容易找到高效的算法,如汉诺塔问题。如果考虑 $n$ 个圆盘的汉诺塔问题,目前可以找到的算法多少需要 $2^n$ 次的移动来获得最后的结果。也就是说,目前已知的解决汉诺塔问题的任何算法都不可能在少于时间复杂度 $O(2^n)$ 的时间内解决。当 $n$ 很大时,这类算法所需要开销的时间是现实不可接受的。类似的问题还有 TSP 问题、0-1 背包问题等。

20 世纪 70 年代,库克(Stephen Cook)等提出了一个理论用以将可计算问题划分为易解问题(Easy Problem)和难解问题(Hard Problem)。他们提出如果一个可计算问题能够在多项式时间范围内求得结果,那么把这类问题称为易解问题,如上面提到的排序问题;反之,如果一个可计算问题找不到多项式时间范围内解决的算法,只能找到指数级的解决算法,那么就把这一类问题称为难解问题,如上面提到的汉诺塔问题等。

学者们在进一步的研究中,对需要求解的问题做了更深层次的分类。考虑到现实中,绝大多数的问题都可以转换成一种只需要回答"是"或"否"的问题,例如:

(1) 判定一个正整数 $n$ 是不是一个素数。

(2) 判定在图 $G$ 中,从某个顶点出发是否存在一个回路,正好经过所有顶点一次,并且回到出发顶点(哈密顿回路问题)。

(3) 关于 $x$、$y$、$z$ 的方程 $x^n + y^n = z^n$ 是否存在大于 2 的正整数解(费马定理)。

(4) 停机问题是否可解。

(5) 一条鱼是否有 7 秒的记忆。

于是,我们给出一个定义:如果一个问题只需要回答是或者否,则称这类问题为判定性问题(Decision Problem)。显然并不是所有的判定性问题都是可解的,如停机问题;即使一个判定性问题可解,也未必是易解问题,如哈密顿回路问题。

在判定性问题的前提下,可以定义 P(Polynomial)类问题,即如果一个判定性问题可以用一个确定的过程在多项式时间内求解,则称该判定性问题为 P 类问题。显然所有的易解问题都是 P 类问题。

那么,那些难解问题呢?对于难解问题来说,虽然求解很困难,但是验证一个可能的解就容易多了。这样,我们考虑设计这样的算法:该算法被分为猜测阶段和验证阶段。在猜测阶段,该算法通过待求解问题的某个输入得到一个输出(可能是任意的输出),显然猜测的过程是不确定的;在验证阶段,该算法通过一个确定性的过程来验证猜测阶段的输出是否是待求解问题的一个正确解。因为猜测阶段的不确定性,显然这类算法是不确定的,称这类算法为非确定性算法。

如果对于一个判定性问题,可以在多项式时间内用一个非确定性算法求解,则称该判定性问题为 NP(Non-deterministic Polynomial)类问题。显然并不是所有的难解问题都是 NP 类问题,即 NP 类问题只是难解问题的一个子集。例如,对于哈密顿回路这一难解问题,可以设计一个非确定性算法,在猜测阶段猜测一个由所有顶点构成的一个路径是问题的解,然后在验证阶段验证该路径是否构成一个回路,即判定其是否为问题的一个正确解。显然该非确定性算法的猜测阶段和验证阶段都可以在多项式时间内完成,所以,哈密顿回路问题是 NP 完全问题。然而对于汉诺塔问题来说,可以设计一个非确定性算法在猜测阶段猜测一种圆盘的移动过程,在验证阶段需要验证这一移动过程中的 $2^n$ 个步骤是否正确,这不可能在多项式时间内完成。所以汉诺塔问题不是 NP 类问题。

对于 P 类问题来说,因为该类问题本身就有多项式时间内的求解方法,所以,P 类问题一定是 NP 类问题,即 P⊆NP。当然有人会问所有的 NP 类问题是否都可以找到多项式时间内的解决方法呢?显然,直到今天仍然有很多 NP 类问题还没有找到多项式时间内的解决方法。学者们猜测 P≠NP,只不过至今无法证明其准确性。

# ◆ 11.3　NPC 问题

自 20 世纪 70 年代中期以来,学者在计算复杂度理论研究方面的一个主要焦点就是对 NP 完全问题(NP-Complete,NPC)的研究。

事实上,在 NP 类问题中,有一类问题虽然已经找到了可以在多项式时间内用非确定算法去验证解决的方法,但是却没办法证明这类问题中的任何一个是否存在有多项式时间内的确定性算法的解法。这类问题称为 NP 完全问题。

显然 NP 完全问题是 NP 类问题的一个子集。所谓"完全",简单地说就是指这一类问题要么都能解决要么都不能解决。Cook 曾提到如果知道如何在多项式时间内有效地解决一个 NP 完全问题,那么就可以用它来解决 NP 完全问题中的每一个问题。当然这里讨论的是计算复杂度问题,并不是去设计一个解决问题的具体算法。

事实上,我们可以考虑待解问题之间的转换,也就是从计算复杂度的角度将一个问题转换成另一个问题。在问题转换的基础之上,可以给出 NPC 问题的定义:一个判定性问题,如果它属于 NP 类问题,并且 NP 类问题中的每一个问题都可以在多项式时间内转换成该问题,则称该判定问题是一个 NP 完全问题,即 NPC 问题。

按照 NPC 问题的定义,如果需要证明一个判定问题是 NP 完全问题只需要经过两个步骤。

第一步,证明该问题可以在多项式时间内用非确定性算法解决,也就是证明该问题是一个 NP 类问题。

第二步,证明存在一个已知的 NP 问题可以在多项式时间内转换为该判定问题。

下面将给出一些已经被证明为 NP 完全的问题。

(1) 可满足性问题(Satisfiability):该问题简称为 SAT 问题,是指对于由若干析取子句的合取构成的合取范式是否有一组布尔值使得该范式最终取值为真。该问题是由 Cook 定理给出的第一个 NP 完全问题。

(2) 三元可满足性问题(3-Satisfiability):该问题简称为 3-SAT 问题,是指对于上面的 SAT 问题中的合取范式,如果每个析取子句恰好由 3 个文字组成,是否有一组布尔值使得该范式最终取值为真。

(3) 图着色问题(Coloring):该问题是指对于给定无向图连通图 $G=(V,E)$ 和正整数 $k$,是否可以用 $k$ 种颜色给 $V$ 集合中的每一个顶点着色,并且满足任意两个邻接顶点具有不同的颜色。

(4) 三着色问题(3-Coloring):该问题是指对于上面的图着色问题,是否可以用 3 种颜色给无向图连通图 $G=(V,E)$ 的 $V$ 集合中的每一个顶点着色,并且满足任意两个邻接顶点具有不同的颜色。

(5) 团问题(Clique):该问题是指,若称一个无向图 $G=(V,E)$ 的完全子图为团(该子图中任意两个顶点都有一条边使它们邻接),则对于给定的正整数 $k$,一个无向图 $G=(V,E)$ 是否存在一个具有 $k$ 个顶点的团。

(6) 顶点覆盖问题(Vertex Cover):该问题是指,若对于一个无向图 $G=(V,E)$ 中的任意一条边至少有一个邻接顶点属于顶点集合 $V$ 的一个子集 $V'$，称该子集 $V'$ 为图 $G$ 的一个顶点覆盖，则对于给定的正整数 $k$，求无向图 $G=(V,E)$ 的一个大小为 $k$ 的顶点覆盖。

（7）独立集问题(Independent Set)：该问题是指，若称一个无向图 $G=(V,E)$ 中任意两两互不相邻接的顶点构成的集合 $V'$ 为独立集（显然 $V'$ 是 $V$ 的一个子集），则对于给定的正整数 $k$，判断无向图 $G=(V,E)$ 是否存在大小为 $k$ 的独立集。

（8）哈密顿回路问题(Hamiltonian Cycle)：该问题是指，对于给定的无向图 $G=(V,E)$，是否存在一条经过每个顶点一次且仅一次简单回路。

（9）旅行商问题(Traveling Salesman Problem)：该问题简称 TSP 问题，是指对于给定的带权图 $G=(V,E)$ 和正整数 $k$，是否存在一条路径长度小于或等于 $k$ 的汉密尔顿回路。

（10）装箱问题(Bin Packing)：该问题是指，若有 $n$ 件给定大小的物品（各件物品可能大小不一）和若干容量均为 $C$ 的箱子，则对于给定的正整数 $k$，是否正好能用 $k$ 个箱子来装这 $n$ 件物品。

（11）划分问题(Partition)：该问题是指，对于给定一个具有 $n$ 个整数的集合 $S$，是否能把 $S$ 划分成两个子集 $S_1$ 和 $S_2$，使得 $S_1$ 中的整数之和正好等于 $S_2$ 中的整数之和。

（12）子集和问题(Subset Sum)：该问题是指，对于给定的一个整数集 $S$ 和一个整数 $k$，是否存在 $S$ 的一个子集 $S_1$，使得 $S_1$ 中的整数之和正好为 $k$。

（13）集合覆盖问题(Set Cover)：该问题是指，对于一个集合 $U$ 以及 $U$ 内元素构成的若干小类集合 $S$，是否存在 $S$ 的一个所含元素的并集正好等于 $U$ 且元素个数最少的子集。

（14）多机调度问题(Multiprocessor Scheduling)：该问题是指，已知有 $M$ 台某种性能完全相同的机器及可以在这种机器上完成的 $n$ 个作业，假设已知每个作业在机器上完成所需的时间，则对于给定的时间 $T$，是否可以调度这 $M$ 台机器在时间 $T$ 内完成这 $n$ 个作业。

至今经过几十年的研究，学者们已经证明了三千多个 NP 完全问题，但可惜的是还没有任何一个 NP 完全问题被证明或者发现有多项式时间内的解法，也没有任何一个 NP 完全问题被证明不存在多项式时间内的解法。当然，可以预见的是，随着计算机科学技术的飞速发展，全新的技术和理念不断出现，如量子计算等，NPC 问题终有解决的一天。

# 习　题

1. 简述图灵机的基本功能结构和它的工作原理。

2. 假设在一台图灵机中，设 $B$ 表示空格，$Q_1$ 表示图灵机的初始状态，$Q_F$ 表示机器的结束状态。如果纸带上的信息是 11101101，读写头对准最右边第一个为 1 的格子，状态为初始状态 $Q_1$。执行以下命令后，请写出计算结果。

$$(Q_1\ 0\ 0\ L\ Q_2)$$
$$(Q_1\ 1\ 0\ L\ Q_3)$$
$$(Q_1\ B\ B\ N\ Q_F)$$
$$(Q_2\ 0\ 0\ L\ Q_2)$$
$$(Q_2\ 1\ 0\ L\ Q_2)$$

$$(Q_2\ B\ B\ N\ Q_F)$$
$$(Q_3\ 0\ 0\ L\ Q_2)$$
$$(Q_3\ 1\ 0\ L\ Q_3)$$
$$(Q_3\ B\ B\ N\ Q_F)$$

3. 关于 NP 问题下列哪种说法是正确的？简述为什么。

(1) NP 问题都是不可能解决的问题。

(2) P 类问题包含在 NP 类问题中。

(3) NP 完全问题是 P 类问题的子集。

(4) NP 类问题包含在 P 类问题中。

4. 简述易解问题和难解问题的不同之处。

5. 列举几个 NP 完全问题。

# 概率算法和近似算法

## ◇ 12.1 概 率 算 法

概率算法在执行过程中,是以抛硬币的方式来决定下一步该做什么。当讨论一个概率算法时,通常关心它的最坏期望时间,即在给定大小为最坏输入实例上所花费的平均时间。这个平均值是在算法执行期间对所有可能的抛硬币结果进行计算而得出的。

与确定性算法一样,在研究概率算法时,同样需要考虑以下的问题:如何设计一个好的概率算法,以及如何证明它在给定的时间或误差范围内可以有效地计算。与确定性算法不同的是,设计一个概率算法往往更容易,但分析它却很难。所做的就是提出一些好的技术来分析在执行算法时出现的非常复杂的随机过程。为此,可以使用概率学家和统计学家已经开发好的技术来分析算法过程。

把一个概率算法想象成一台机器 $M$,它计算 $M(x, r)$,其中 $x$ 是问题输入,$r$ 是随机序列。机器模型是随机存取机器或 RAM 模型,这里的内存空间大小通常是输入大小为 $n$ 的多项式,在常量时间内,可以读取内存位置,也可以写内存位置,对最多为 $O(\log_2 n)$ 位的整数执行算术运算。在这个模型中,可以认为随机位是由某个子程序提供的,其中生成一个 $O(\log_2 n)$ 大小的随机整数需要常量时间。

这些生成随机整数的数量,以及整个算法的运行时间,可能都依赖于随机位,因此,这些变量为随机变量——某个概率空间中点的函数。概率空间 $\Omega$ 由所有可能的序列 $r$ 组成,每个序列被分配一个概率 $P[r]$(通常为 $2^{-|r|}$),当输入值为 $x$ 时,$M$ 的运行时间通常会设定一个期望值 $E_r[\text{time}(M(x, r))]$,其中对于任意 $X$,有

$$E_r[X] = \sum_{r \in \Omega} X(r) P[r] \tag{12-1}$$

现在可以用这个期望值来代表 $M$ 的性能:当确定算法的输入值为 $n = |x|$ 时,运行时间为 $O(f(n))$,相反,在概率算法中运行的期望时间为 $O(f(n))$,也就是说对于所有的输入值 $x$,都有 $E_r[\text{time}(M(x,r))] = O(f(|x|))$。

这与最坏的期望时间不同,最坏的期望时间没有 $r$ 和期望,同样,平均的期望时间也没有 $r$,并且返回值不是最大值,而是 $x$ 的期望值。

## 12.1.2　概率算法的分类

概率算法可分为 4 大类：数值概率算法、蒙特卡罗算法、拉斯维加斯算法和舍伍德算法。一些作者使用"蒙特卡罗算法"来表示所有的概率算法。

**1. 数值概率算法**

随机性首先被用于数值概率问题中求近似解的算法。例如，可以使用模拟的方式来估计系统中队列的平均长度，因为系统非常复杂，不可能得到基本函数的解，也不可能通过确定性方法得到数值答案。概率算法得到的答案总是近似的，但它的预期精度可随着算法可用时间的增加而提高（出现错误的概率与工作量的平方根成反比）。就像是某些现实生活中的问题，即使经过严谨的实验也不可能计算出精确的答案，这可能是因为实验数据的不确定性，也可能是因为数字计算机只能处理二进制或十进制值，导致最终的计算结果是不合理的。而某些问题是存在准确答案的，但要想准确地找出答案需要很长时间。有时答案以置信区间的形式给出。

**2. 蒙特卡罗算法**

蒙特卡罗算法用于求问题的准确解，即接受的问题不能存在近似答案。例如，如果试图将一个整数因式分解，那么知道某某值"几乎"是一个因数也没什么意义。在棋盘上放 7 个皇后来解决八皇后的问题没有什么帮助。蒙特卡罗算法总是给出解，但是，这个解不一定是正确的；成功（即得到正确答案）的概率随着算法可用时间的增加而增加。这种算法的主要缺点是，无法有效地判定得到的解是否正确。因此，某些不确定性将会一直存在。

**3. 拉斯维加斯算法**

拉斯维加斯算法从来不会返回错误的答案，但有时会根本找不到答案。与蒙特卡罗算法一样，成功的概率随着算法可用时间的增加而增加。然而，所得到的答案必然是正确的。无论输入的实例是什么，对这个实例反复多次运行算法，失败的概率就可以变得任意小。这种算法与那些简单的线性规划算法不同，类似于简单的线性规划算法对于绝大多数要处理的实例非常有效，但对于少数实例则是灾难性的。

**4. 舍伍德算法**

舍伍德算法会给出答案，并且答案总是正确的。当某些已知的确定性算法解决某个特定问题的平均速度比最坏情况下快得多时，通常就会使用舍伍德算法。在舍伍德算法中融入随机性元素可以减少甚至消除好实例与坏实例之间的差异。这并不是为了防止最坏情况的偶然发生，而是为了打破这种行为的发生与要解决的特定实例之间的联系。由于它的响应比确定性算法更均匀，因此舍伍德算法不太容易受到某些特定应用程序（可能会出现意外的程序）的影响。

## 12.1.3　数值概率算法

假如你把一盒牙签撒在木地板上了。这些牙签以任意的位置和角度在地上摊开，每一根都独立于其他所有牙签。如果你知道盒子里有 355 根牙签,而每根牙签的长度正好是地板上木板宽度的一半,那么有多少根牙签会掉在两块木板之间的缝隙上呢?

显然,0～355 的任何一个数都可能是答案,这种不确定性是典型的概率算法。预计掉在裂缝上的牙签的平均数量是可以计算出来的:正好是 113 根。

实际上,每根牙签都有一次掉落在裂缝上的机会。这就提出了一种概率"算法",通过将足够多的牙签撒在地板上来估算它的概率值。

此外,估算的精度会受到牙签长度与木板宽度之比的精度的限制。

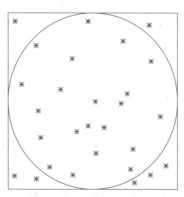

图 12.1　掷飞镖计算 π 值

再考虑下一个实验,向一个正方形目标投掷 $n$ 个飞镖(见图 12.1),并计算落在该正方形中的圆圈内飞镖的数字 $k$。假设正方形中的每个点被飞镖击中的概率完全相同(在计算机上模拟这个实验要比找到一个有足够专业技能或能力不足的飞镖玩家容易得多)。如果内切圆的半径是 $r$,那么它的面积就是 $\pi r^2$,而正方形的面积是 $4r^2$,所以落在圆内的飞镖的平均比值是 $\pi r^2/4r^2=\pi/4$。因此,估算出 $\pi\approx 4k/n$。如图 12.1 所示,在例子中,投掷了 28 个飞镖,发现其中有 21 个飞镖落在圆圈内,这并不奇怪,因为根据平均比值可估算出 $k=28\pi/4\approx 22$。

下面的算法模拟了这个实验,只是它只会把飞镖扔到目标的右上象限。

```
Function darts(n)
    k←0
    for i=-1 to n
        x← uniform(0,1)
        y← uniform(0,1)
        if x²+y²≤1 then k←k+1 end if
    end for
return 4k/n
```

### 12.1.4　舍伍德算法

快速排序算法的工作原理如下。为简单起见,假设正在排序的数组中没有两个元素是相等的。

如果数组中的元素个数大于 1,则

(1)从数组的元素中随机地选择一个轴值 $p$。

(2)将数组拆分为 $A_1$ 和 $A_2$,其中 $A_1$ 包含所有小于 $p$ 的元素,$A_2$ 包含所有大于 $p$ 的元素。

(3)递归排序 $A_1$ 和 $A_2$,并返回序列 $A_1,p,A_2$。

否则返回数组。

分割步骤需要进行 $n-1$ 次比较,因为必须对照轴值检查每个非轴值。假设所有其他的成本都是由比较成本支配的,那么随机快速排序平均做了多少次比较?

有两种方法可以解决这个问题：愚蠢的方法和聪明的方法。先用愚蠢的方法来解决。

**1. 蛮力法：求解递归**

设 $T(n)$ 是一个包含 $n$ 个元素的数组的期望比较次数。有 $T(0)=T(1)=0$，则对于更大的 $n$，有

$$T(n)=\frac{1}{n}\sum_{k=0}^{n-1}(T(k)+T(n-1-k)) \tag{12-2}$$

为什么？因为轴值有 $n$ 个等可能选项（因此是 $1/n$），对于每个选项，期望代价是 $T(k)+T(n-1-k)$，$k$ 是落在 $A_1$ 上的元素数。在这里使用的是全概率定律，即对于任意随机变量 $X$，将概率空间划分为事件 $B_1,B_2,\cdots,B_n$，则

$$E=\sum \Pr[B_i]E[X\mid B_i] \tag{12-3}$$

其中

$$E[X\mid B_i]=\sum_{\omega\in B_i}X(\omega)\frac{\Pr(\omega)}{\Pr[B_i]} \tag{12-4}$$

是 $X$ 在 $B_i$ 条件下的条件期望值，如果已知事件 $B_i$ 已发生，可以把它看作 $X$ 的平均值。

现在来解这个复杂的递归式，可以合理地猜测，当 $n\geqslant 1$ 时，存在一个常数 $a$，有 $T(n)\leqslant an\log_2 n$，显然这对于 $n=1$ 是成立的。运用归纳法来推导 $n$ 大于 1 的情况。

$$T(n)=(n-1)+\frac{1}{n}\sum_{k=0}^{n-1}(T(k)+T(n-1-k))$$

$$=(n-1)+\frac{2}{n}\sum_{k=0}^{n-1}T(k)$$

$$=(n-1)+\frac{2}{n}\sum_{k=1}^{n-1}T(k)$$

$$\leqslant(n-1)+\frac{2}{n}\sum_{k=1}^{n-1}ak\log_2 k$$

$$\leqslant(n-1)+\frac{2}{n}\int_{k=1}^{n}ak\log_2 k$$

$$=(n-1)+\frac{2a}{n}\left(\frac{n^2\log_2 n}{2}-\frac{n^2}{4}+\frac{1}{4}\right)$$

$$=(n-1)+an\log_2 n-\frac{an}{2}+\frac{a}{2n}$$

如果仔细观察这个递归式会发现，设 $a=2$ 会使它小于或等于 $an\log_2 n$，因为剩下的项变成 $(n-1)-n+\frac{1}{n}=\frac{1}{n}-1$，当 $n\geqslant 1$ 时，它为负值。因此可以得出 $T(n)\leqslant 2n\log_2 n$（对于 $n\geqslant 1$）。

**2. 巧妙的方法：线性期望**

还可以使用线性期望来计算随机快速排序比较次数的期望值。

假设使用以下方法来选择轴值：生成数组中所有元素的随机排列，当要求对某个子数

组 $A'$ 排序时,使用出现在数组 $A'$ 中的第一个元素作为轴值。因为每个元素都有相等的可能是第一个,所以这等价于实际的算法。假设总是对数字 $1 \sim n$ 进行排序,如果 $i$ 在算法执行过程中的某个点与 $j$ 进行比较,则对每一对元素 $i$、$j$,定义一个指示变量 $X_{ij}$,若 $i < j$,则指示变量 $X_{ij}$ 为 1,否则为 0。

当然,实际上可以计算出这个事件的概率(也就是 $E[X_{ij}]$):唯一一次比较 $i$ 和 $j$ 的时候,就是在它们被分到不同的数组之前,并选择其中一个作为轴值。它们是如何被分割到不同的数组?如果选择某个中间元素 $k$ 作为轴值,即存在 $k$,使得 $i < k < j$,并且其他元素的出现不会影响结果,就会发生这种情况。因此,可以集中精力将置换限制在 $i$ 到 $j$ 之间,如果这个置换从 $i$ 或 $j$ 开始,就可以计算出事件发生的概率为 $2/(j-2+1)$,所以 $E[X_{ij}] = 2/(j-2+1)$。对所有 $i < j$ 的情况求和得出:

$$E\left[\sum_{i<j} X\right] = \sum_{i<j} E[X_{ij}]$$

$$= \sum_{i<j} \frac{2}{j-i+1}$$

$$= \sum_{i=1}^{n-1} \sum_{k=2}^{n-i+1} \frac{2}{k}$$

$$= \sum_{i=2}^{n} \sum_{k=2}^{i} \frac{2}{k}$$

$$= \sum_{k=2}^{n} \frac{2(n-k+1)}{k}$$

$$= \sum_{k=2}^{n} \left(\frac{2(n+1)}{k} - 2\right)$$

$$= \sum_{k=2}^{n} \frac{2(n+1)}{k} - 2(n-1)$$

$$= 2(n+1)(H_n - 1) - 2(n-1)$$

$$= 2(n+1)H_n - 4n$$

这里 $H_n = \sum_{i=1}^{n} \frac{1}{i}$ 代表第 $n$ 次调和级数,等于 $\ln n + \gamma + O(n^{-1})$,其中 $\gamma \approx 0.5772$ 为欧拉常数(其确切值未知)。出于渐近的目的,只需要 $H_n = O(\log_2 n)$。

## 12.1.5　拉斯维加斯算法

尽管舍伍德算法的行为一致性很强,但它的平均速度并不比产生它的确定性算法快。而拉斯维加斯算法则能提高计算效率。

拉斯维加斯算法最显著的特点是,它会做出随机决策,这会导致算法得不到解。因此,这些算法要么返回正确的解,要么因为它做出随机决策而陷入僵局。在后一种情况下,需要将相同的实例重新提交给同一个算法再次运行,直到运行成功。因此,运行成功概率随着所用时间的增加而增加。

拉斯维加斯算法通常有一个返回参数 success,如果得到一个解,则该参数设置为 true,否则设置为 false。调用函数 $LV(x, y, \text{success})$ 对实例 $x$ 进行求解,其中 $y$ 是一个返回参数,用于在 success 设置为 true 时接收由此获得的解。设 $p(x)$ 为每次求解实例 $x$ 时算法的成功概率。为了使算法正确,要求每个实例 $x$ 的 $p(x)>0$。对于每个实例 $x$,存在常数 $\delta>0$,使得 $p(x)\geqslant\delta$。设 $s(x)$ 和 $e(x)$ 分别是在成功和失败的情况下,算法在实例 $x$ 上所花费的期望时间。现在考虑下面的算法。

```
Function iterate(x)
Loop
    LV(x,y,success)
until success
return y
```

设 $t(x)$ 为函数 iterate 求实例 $x$ 的精确解所需的期望时间。忽略控制重复循环所花费的时间,得到如下递归式:

$$t(x) = p(x)s(x) + (1-p(x))(e(x)+t(x)) \tag{12-5}$$

这是因为算法在第一次尝试成功的概率为 $p(x)$,所以需要的期望时间为 $s(x)$。当算法失败时,即概率为 $1-p(x)$ 的情况下,算法首先用一个期望时间 $e(x)$ 来运行该实例,但没有成功,然后重新开始运行算法,仍然需要一个期望时间 $t(x)$。这种递推的公式很容易求解得到:

$$t(x) = s(x) + \frac{1-p(x)}{p(x)}e(x) \tag{12-6}$$

如果想最小化 $t(x)$,在 $p(x)$、$s(x)$ 和 $e(x)$ 之间可以进行调整折中。例如,如果减少了搜索失败所需的时间 $e(x)$,则每次搜索成功的概率 $p(x)$ 可能也会随之减少。

八皇后这类算法问题是一个很好的例子。本例使用贪心拉斯维加斯算法求解。该算法将皇后随机放置在连续的行上,但是要注意,放置在棋盘上的皇后不能相互攻击。如果成功地将所有的皇后放到棋盘上,则算法成功,如果没有皇后可以放置,算法就会失败。这个算法不是递归的。

```
Function Queens(var success)
col, diag45, diag135←∅      //col 表示同一列集合,diag45 表示右上到左下对角线集合
k←0                         //diag135 表示左上到右下对角线集合
Loop
    /*result[1..k]用于存放前 k 行的可行解*/
    nb←0
    for i←1 to 8
        if i∉col and i-k∉diag45 and i+k∉diag135
        then                //第 k+1 个皇后第 i 列可行
            nb←nb + 1
            if uniform (1..nb) = 1
            then                //尝试第 i 列
                j←i
            end if
        end if
    end for
```

```
        if nb > 0
        then                        //对于第 k +1 个皇后,在 nb 种可能性中,以概率 1/nb 选择了 j
            result[k+]j
            col←col∪ {j}
            diag45←diag45 ∪ {j-k}
            diag135←diag135 ∪ {j+k}
            //更新了 result[1.k+1]
            k←k+1
        end if
    until nb = 0 or k = 8
    success←(nb > 0)
    return success
```

为了分析该算法的效率,需要确定其成功概率 $p$,在成功情况下探索的结点平均数 $s$ 以及在失败情况下探索的结点平均数 $e$。当 $s = 9$ 时,用计算机可以计算出 $p = 0.1293$,$e = 6.971$。因此,通过以完全随机的方式进行,可以以超过 1/8 的概率获得正确解。如果我们重复算法直到最终获得成功,所求解的结点数的期望值将由一般公式 $s + (1-p)e/p = 55.927$ 给出,少于用回溯技术探索结点的结点数的一半。

拉斯维加斯算法失败的点在于,只要检测到失败,它就会从头开始。另一方面,在明知道没有解的情况下,回溯算法还是会系统地去搜索一个解。可以将两种算法聪明地组合在一起:首先随机将一些皇后放置在棋盘上,然后使用回溯法尝试添加剩余的皇后,不需要重新考虑已经随机放置的皇后的位置。

如果随机放置的那些皇后的位置导致剩余的皇后没有位置可以放,例如,如果前两个皇后分别被放置在位置 1 和位置 3,就会发生这种情况。随机放置的皇后越多,后续回溯阶段所需的平均时间就越小,但失败的概率会越大。

所得到的算法类似于算法 Queens,除了最后两行被替换如下。

```
until nb = 0 or k = stops
if nb > 0 then backtrack(k, col, diag45, diag135, success)
else success←false
```

其中,$1 \leqslant$ stops $\leqslant 8$ 表示在进入回溯阶段之前要随机放置多少个皇后。如果有解,它会在找到第一个解后立即返回。

表 12.1 给出了每个 stops 值的成功概率 $p$、成功情况下搜索结点数的期望值 $s$、失败情况下搜索结点数的期望值 $e$,以及重复算法直到最终找到正确解时搜索的结点数的期望值 $t = s + (1-p)e/p$。当 stops $= 0$ 时,相当于直接使用确定性算法。

表 12.1    stops 值的成功概率 $p$

| stops | $p$ | $s$ | $e$ | $t$ |
|:---:|:---:|:---:|:---:|:---:|
| 0 | 1.0000 | 114.00 | — | 114.00 |
| 1 | 1.0000 | 39.63 | — | 39.63 |

续表

| stops | $p$ | $s$ | $e$ | $t$ |
|---|---|---|---|---|
| 2 | 0.8750 | 22.53 | 39.67 | 28.20 |
| 3 | 0.4931 | 13.48 | 15.10 | 29.01 |
| 4 | 0.2618 | 10.31 | 8.79 | 35.10 |
| 5 | 0.1624 | 9.33 | 7.29 | 46.92 |
| 6 | 0.1357 | 9.05 | 6.98 | 53.50 |
| 7 | 0.1293 | 9.00 | 6.97 | 55.93 |
| 8 | 0.1293 | 9.00 | 6.97 | 55.93 |

对于八皇后问题,从第一列的第一个皇后开始寻找下一个可以放置皇后的位置需要相当长的时间。首先,在 2 个可能的位置[1,3]和[1,4]后面的位置进行无效果的搜索,即使从结点[1,5]开始搜索,将会浪费的时间是[1,5,2]和[1,5,7]。这就是为什么随机放置第一个女王比立即开始系统的搜索更有效的原因之一。

## 12.1.6　蒙特卡罗算法

有这么一类问题,没有一种有效的算法能够每次都得到正确的解,无论是确定性的还是概率性的算法。蒙特卡罗算法用于求问题的准确解,该算法偶尔会出错,但不管输入怎样的实例,它都能以很高的概率找到正确的解。当算法出错时,通常不会有提示。

设 $p$ 为实数,使 $1/2 < p < 1$。不论输入的实例是什么,蒙特卡罗算法求解出正确解的概率不小于 $p$,则称该蒙特卡罗算法是 $p$-正确的。这种算法的优点就是得出正解的概率大于或等于 $\frac{1}{2}$。如果对同一实例不会给出两个不同的正确解,则该算法是一致的。一些蒙特卡罗算法不仅把要求解的实例作为一个参数,而且把误差概率的上界作为一个可接受的参数。然后将这种算法所用的时间表示为实例大小和可接受错误概率倒数的函数。为了提高算法连续成功的概率,只需多次调用它并选择出现次数最频繁的答案。

更一般地,设 $\varepsilon$ 和 $\delta$ 是两个正实数,使得 $\varepsilon + \delta < \frac{1}{2}$。设 $\mathrm{MC}(x)$ 是一个 $(z+e)$-正确的蒙特卡罗算法。设 $c_\varepsilon = -2/\lg(1-4\varepsilon^2)$。设 $x$ 为待解的某个实例。至少调用 $\mathrm{MC}(x) \lfloor c_\varepsilon \lg 1/\delta \rfloor$ 次并返回一个出现次数最频繁的答案就足够了,这样就可以得到一个一致的 $(1-\delta)$-正确算法。不论算法成功的概率有多小,这个方法可以提高算法的成功概率,从而得到一个新的算法。

举一个例子,假设有一个优势为 5% 的一致蒙特卡罗算法,希望得到一个误差概率小于 5% 的算法(即希望从一个正确率为 55% 的算法达到一个正确率为 95% 的算法),前面的定理告诉,这可以通过在给定的实例上调用原算法 600 次来实现。更精确的计算表明,重复原来的算法 269 次就足够了,重复 600 次就可以得到一个比 99% 正确率更好的算法,这是因为证明中使用的是一些粗略的不等式。一个更复杂的论证表明,如果一个一致的 $(z+e)$-正确的蒙特卡罗算法被重复调用 $2m-1$ 次,得到的算法是 $(1-\delta)$-正确的,其中

$$\delta = \frac{1}{2} - \varepsilon \sum_{i=0}^{m-1} \binom{2i}{i} \left(\frac{1}{4} - \varepsilon^2\right)^i \leqslant \frac{(1 - 4\varepsilon^2)^m}{4\varepsilon \sqrt{\pi m}} \qquad (12\text{-}7)$$

这个公式的第一部分可以有效地用来找到将错误概率降低到任何期望值以下所需的精确重复次数。或者,从第二部分可以很快得到这个重复次数的一个很好的上界:找到满足不等式 $e^x \sqrt{x} \geqslant 1/(2\delta \sqrt{\pi})$ 的 $x$,然后设 $m = \lceil x/4\varepsilon^2 \rceil$。

将一个算法重复几百次以获得相当小的错误概率是经常能想到的方式。幸运的是,实践中出现的大多数蒙特卡罗算法都是这样的。为简单起见,假设正在处理一个决策问题,并且原始的蒙特卡罗算法在以下意义上是有偏差的:每当它返回的答案为真时,它总是正确的,只有当它返回的答案为假时,错误才可能出现。如果多次重复这种算法以增加对最终结果的可信度,那么不应该返回最频繁出现的答案(一个为真的返回值要比很多个为假的返回值更有价值)。会看到,重复这样一个算法 4 次就足够了,可以将它从 55% 的正确率提高到 95% 的正确率,或者重复 6 次就可以得到 99% 的正确率。此外,原算法对某些限制 $p > i$ 时 $p$-正确算法不再适用:即使 $p < z$(只要 $p > 0$),只要重复一个 $p$-正确的算法足够多次,就可以获得任意高的置信度。

回到一个任意的问题(不一定是一个决策问题),对于该问题可以得到一些明确的答案。设 $y_0$ 是有偏差的答案,如果存在实例的子集 $X$,当要求解的实例不在 $X$ 中时,算法返回的解总是正确的,并且所有属于 $X$ 的实例的正确解是 $y_0$,但是算法可能并不总是返回这些实例的正确解,则称蒙特卡罗算法是 $y_0$-偏差的。

虽然明确地知道了偏差答案 $y_0$,但并不要求对 $X$ 中的元素进行有效的测试。下面的段落展示了这个定义被精确调整的过程,以确保算法在返回 $y_0$ 时总是正确的。

设 MC 是一个蒙特卡罗算法,它是一致的、有偏的和 $p$-正确的。设 $x$ 是一个实例,$y$ 是 $\text{MC}(x)$ 返回的解。如果当 $y = y_0$,可以添加什么条件呢?

(1) 如果 $x \notin X$,算法总是返回正确的解,那么 $y_0$ 确实是正确的。

(2) 如果 $x \in X$,正确的解必然是 $y_0$。

在这两种情况下,可以得出结论:$y_0$ 是一个正确的解。那么当 $y \neq y_0$ 时会发生什么?如果 $x \notin X$,$y$ 确实是正确的;如果 $x \in X$,要是算法返回的正确答案为 $y$,那么算法出错了;如果算法是 $p$-正确的,则发生这种错误的概率不大于 $1 - p$。

现在假设调用算法 $\text{MC}(x)$ $k$ 次,得到的答案是 $y_0, y_1, y_2, \cdots, y_k$。

(1) 如果存在一个 $i$ 使得 $y_i = y_0$,前面的论点可以说明这确实是正确的解。

(2) 如果存在 $i \neq j$ 使得 $y_i \neq y_j$,唯一可能的解释是 $x \in X$(因为假设算法是一致的),因此正确的解是 $y_0$。

(3) 如果对于所有的 $y_i$,都有 $y_i = y \neq y_0$,则正确的解仍然有可能是 $y_0$,并且算法在 $x \in X$ 上连续出现了 $k$ 次错误,但出现这种错误的概率最多为 $(1-p)^k$。

例如,假设 $p = \frac{1}{2}$(这对于一般的蒙特卡罗算法是不允许的,但是对于有偏差的算法它不会引起任何问题)。最多重复调用算法 20 次就足够了,以确保正确的解是 $y_0$,或者每一次试验得到的结果都是正确的。一般来说,一个一致的、$p$-正确的、$y_0$-偏差算法的 $k$ 次重复产生一个 $(1 - (1-p)^k)$-正确的算法,仍然一致的、$y_0$-偏差的。

假设一致的、$p$-正确的、$y_0$-偏差的蒙特卡罗算法在某个实例 $x$ 上连续产生 $k$ 次相同的

答案 $y \neq y_0$。理解这种结果的原因是很重要的。可能会得出这样的结论："$y$ 是错误答案的概率最多是 $(1-p)^k$。"这样的结论当然是没有意义的,因为要么正确答案是真的,要么不是。因此,所讨论的概率不是 0 就是 1。正确的解释是:"我相信 $y$ 是正确的答案,如果用不同的实例测试我足够多次,错误比例应该不会超过 $(1-p)^k$。"

考虑下面的算法。

```
Function maj(T[1..n])
    i←uniform(1..n)
    x←T[i]
    k←0
    for j = 1 to n
        if T[j] = x then k←k +1 end if
    end for
return(k > n/2)
```

看到 maj($T$)随机选择数组中的一个元素,然后检查这个元素是否在 $T$ 中占多数。如果返回的答案为 true,则所选元素是一个多数元素(主元素),因此在 $T$ 中通常有一个主元素。相反,如果返回的答案为 false,则 $T$ 可能存在主元素,尽管在这种情况下随机选择的元素是少数元素。如果数组确实包含主元素,并且随机选择了其中一个元素,则选择少数元素的概率小于一半,因为主元素占据了数组的一半以上。因此,如果 maj($T$)返回的答案是 false,我们有理由怀疑 $T$ 确实没有主元素。总之,该算法是有偏差的,$\frac{1}{2}$-正确的。

在实践中,50%的错误概率是不可容忍的。有偏差的蒙特卡罗算法可以有效地将这种概率降低到任意值。首先,考虑如下代码。

```
Function maj2(T)
    if maj(T) then return true
else return maj(T)
end if
```

如果数组中没有主元素,则每次调用 maj($T$)都肯定返回 false,因此,maj2($T$)也会返回 false。如果数组中确实有一个主元素,那么 maj($T$)的第一个调用返回 true 的概率是 $p > \frac{1}{2}$,在这种情况下 maj2($T$)也返回 true。另一方面,如果 maj($T$)的第一个调用返回 false(发生的概率为 $1-p$),则 maj($T$)的第二个调用可能仍然以概率 $p$ 返回 true,在这种情况下 maj2($T$)也返回 true。综上所述,如果数组 $T$ 有一个主元素,maj2($T$)返回 true 的概率是

$$p + (1-p)p = 1 - (1-p)^2 > \frac{3}{4} \tag{12-8}$$

因此,算法 maj2($T$)也是有偏差的,并且是 3/4-正确的。发生错误的概率降低了,因为 maj2($T$)的连续调用是独立的:maj2($T$)在具有主元素的数组上返回 false 的事实不会改变它在同一实例的后续调用上返回 true 的概率。

## ◈ 12.2　近似算法

### 12.2.1　介绍

有趣的问题往往都很难求解,尤其是在面向算法的领域,如组合优化、数学规划、运筹学和理论计算机科学。在这些领域,研究人员经常面临难以计算的问题。由于求出一个棘手的问题的最优解是一个非常艰难的过程,这些研究人员通常会采用更简单的次优方法,从而得到合理的解决方案,同时希望这些合理的解决方案至少接近最优解。求近似解是一种次优的方法,可以证明它工作速度快,并且可以证明它可以得到非常高质量的解。

在下面的段落中,将给出近似性算法领域中主要概念的精确数学定义。

一个优化问题是由一组输入(或实例)组成的集合 $I$,以及每个可行解的输入 $In \in I$ 得到的集合 $SOL(I)$ 构成一个目标函数 $c$ 用来指定每个在 $SOL(I)$ 中的可行解 $\sigma$ 的一个目标值或成本 $c(\sigma)$。只考虑所有可行解都有非负代价的优化问题。最优化问题可以是最小化问题,其中最优解是具有最小可能代价的可行解,也可以是最大化问题,其中最优解是具有最大可能代价的可行解。用 $OPT(I)$ 来表示实例 $I$ 的最优目标值。通过 $I$ 的绝对值表示实例 $I$ 的大小,即在某些固定编码中写入 $I$ 所使用的位数。现在假设我们处理的是一个 NP-hard 优化问题,在 $|I|$ 的多项式时间内很难找到精确的最优解。以降低解的质量为代价,通常可以在时间复杂度上获得相当大的加速。这引出了以下定义。

**定义 12.2.1(近似算法)**　设 $X$ 是一个最小化(或者最大化)问题。有 $\varepsilon > 0$,设 $\rho = 1 + \varepsilon$ (或者 $\rho = 1 - \varepsilon$),算法 A 称为对于问题 $X$ 的 $\rho$-近似算法,如果对于 $X$ 的所有实例 $I$,它给出一个目标值为 $A(I)$ 的可行解,使得

$$|A(I) - OPT(I)| \leqslant \varepsilon \cdot OPT(I) \tag{12-9}$$

在这种情况下,值 $\rho$ 称为近似算法 A 的性能保证或最坏情况比。

注意,对于极小化问题,式(12-9)中的不等式变成了 $A(I) \leqslant (1+\varepsilon)OPT(I)$,而对于最大化问题,它变成了 $A(I) \leqslant (1+\varepsilon)OPT(I)$。进一步注意,对于最小化问题,最坏情况比率 $\rho = 1 + \varepsilon$ 是一个大于或等于 1 的实数,而对于最大化问题,最坏情况比率 $\rho = 1 - \varepsilon$ 是区间 $[0,1]$ 中的实数。$\rho$ 的值可以看作是近似算法的质量度量。$\rho$ 的值越接近 1,算法越好。最坏情况比率 $\rho = 0$ 时,表示最大化问题,或最坏情况比率 $\rho = 10^6$ 时,相当于一个最小化问题,它们的质量相当差。类 APX 代表复杂度类,由具有有限最坏情况比的多项式时间近似算法的所有最小化问题,以及具有最坏情况比的多项式时间近似算法的所有最大化问题组成。

**1. 近似方案**

**定义 12.2.2(近似方案)**　设 $X$ 是一个最小化(或者最大化)问题。

(1) 问题 $X$ 的近似方案是 $(1+\varepsilon)$-近似算法的算法族 $A_\varepsilon$(或者 $(1-\varepsilon)$-近似算法 $A_\varepsilon$),对于所有的 $0 < \varepsilon < 1$。

(2) 问题 $X$ 的多项式时间近似方案(PTAS)是一种时间复杂度为输入大小的多项式的近似方案。

(3) 问题 $X$ 的完全多项式时间近似方案(FPTAS)是一种近似方案,其时间复杂度是输

入大小的多项式,也是 $1/\varepsilon$ 的多项式。

因此,对于 PTAS 来说,时间复杂度与 $|I|^{2/\varepsilon}$ 成比例是可以接受的;尽管这个时间复杂度是 $1/\varepsilon$ 的指数,它是输入大小为 $I$ 的多项式,正如我们在 PTAS 定义中所要求的那样。FPTAS 的时间复杂度不能呈指数 $1/\varepsilon$ 增长。但时间复杂度与 $|I|^8/\varepsilon^3$ 成正比就很好了。对于最坏情况,FPTAS 是从 NP-hard 问题能得到的最好的结果。

本章剩余部分,主要采用以下近似率定义(近似率有几种定义,这里采用其中的一种)。

考虑优化问题:每一个潜在的解决方案的成本都是正的,需要找到接近最优解的解决方案。

根据问题的不同,最优解可能如下。

(1) 最大可能成本(最大化问题),如最大团。

(2) 最小可能成本(最小化问题),如最小顶点覆盖。

算法的近似比为 $\rho(n)$,如果对任意大小为 $n$ 的输入,其求解的代价 $C$ 和求最优解的代价 $C^*$ 之间的比值都小于或等于近似比 $\rho(n)$,即

$$\text{MAX}\left(\frac{C}{C^*},\frac{C^*}{C}\right) \tag{12-10}$$

最大化问题:

(1) $0<C\leqslant C^*$。

(2) $C/C^*$ 给出了最优解优于近似解的因子(注:$C/C^*\leqslant1,C^*/C\geqslant1$)。

最小化问题:

(1) $0<C^*\leqslant C$。

(2) $C/C^*$ 给出了最优解优于近似解的因子(注 $C/C^*\geqslant1,C^*/C\leqslant1$)。

近似比不会小于 1:

$$\frac{C}{C^*}<1\Rightarrow\frac{C^*}{C}>1 \tag{12-11}$$

**2. 近似算法**

达到近似比 $\rho(n)$ 的算法为 $\rho(n)$-近似算法。1-近似算法是最优的,比值越大,近似算法解的精度越低。

(1) 对于许多 NP 完全问题,存在常数近似因子(例如计算的团的大小至少是最大团大小的一半)。

(2) 有时近似比随 $n$ 的增长而增长;有时可以证明近似比的下界(对于每一个近似算法,近似比至少是某个值,除非 P=NP)。

**3. 近似方案**

有时,当花费更多的计算时间时,近似比会提高。

优化问题的近似方案是一种近似算法,它以一个输入实例加上一个参数 $\varepsilon>0$ 作为输入,对于所有定值 $\varepsilon$,该方案是 $(1+\varepsilon)$-近似算法。

## 12.2.2 顶点覆盖问题

顶点覆盖问题:给定图 $G=(V,E)$,求最小的 $V'\subseteq V$,如果 $(u,v)\in E$,那么 $u\in V'$ 或 $v$

$\in V'$,或两者都成立。

顶点覆盖决策问题是 NP 完全问题,对应的优化问题几乎是同样难解的。

```
Function APPROX-VERTEX-COVER(G)
1.  C←∅
2.  E'←E
3.  While E'≠∅ do
4.      设(u,v)是 E'的任意边
5.          C←C∪ {(u, v)}
6.      从 E'中删除 u 或 v 上的所有边
7.  End while
```

算法终止后,$C$ 是一个顶点覆盖,其大小最多是最优(最小)顶点覆盖大小的 2 倍。

下面用图示的方法来更直观地展示求解顶点覆盖问题的过程。

**定理 12.2.1**　算法 APPROX-VERTEX-COVER 是多项式时间 2-近似算法。

证明:

(1) 运行时间受 $O(VE)$ 的限制(算法最多迭代 $|E|$ 次,每个迭代的复杂度最多为 $O(V)$)。

(2) 正确性:$C$ 显然是顶点覆盖。

覆盖大小:$A$ 表示挑出来的一组边。

① 为了覆盖 $A$ 中的边,任何顶点覆盖,特别是最优覆盖 $C^*$,必须包括 $A$ 中每个边的至少一个端点。

② 通过构造该算法,$A$ 上的任意两条边不共享同一个端点(一旦选中了一条边,这条边所对应端点上的边都被删除)。

③ 因此,$A$ 中不会出现两条边被 $C^*$ 中的同一顶点覆盖,并且

$$|C^*| \geqslant |A| \tag{12-12}$$

④ 选取边时,两个端点都不在 $C$ 中,因此

$$|C| = 2 \cdot |A| \tag{12-13}$$

联立式(12-12)和式(12-13)得到

$$|C| = 2 \cdot |A| \leqslant 2 \cdot C^* \tag{12-14}$$

## 12.2.3　旅行商问题

旅行商问题:完全无向图 $G=(V,E)$ 中,每一条边的权值都是非负整数,即成本函数 $c(u,v)$ 为非负整数,求 $G$ 的最便宜的哈密顿回路。

在旅行商问题中值得考虑两种情况:一是成本函数满足三角形不等式的情况;二是不满足三角形不等式的情况。

若 $c$ 满足三角不等式,直接从顶点 $u$ 到顶点 $w$ 总是最便宜的;不是直接到达(即需要经过顶点 $u$ 和顶点 $w$ 的中间顶点)的方式不会更便宜。在这两种情况下,相关的决策问题都是 NP 完全问题。

三角不等式的旅行商问题:使用函数 MST-PRIM$(G,c,r)$,它计算完全无向图 $G$ 的最小生成树和权函数 $c$,给定一些任意的根结点 $r$。

输入: G=(V,E),c: E → R
Function APPROX-TSP-TOUR
1. 选择任意一个顶点 v∈V 作为根结点
2. 使用算法 MST-PRIM(G,c,r) 计算最小生成树 T
3. 先序遍历最小生成树 T,设 L 是遍历过程中访问的顶点的序列
4. 返回哈密顿回路,该回路以 L 的顺序覆盖顶点

**定理 12.2.2** 算法 APPROX-TSP-TOUR 是求解带有三角不等式的旅行商问题,是多项式时间 2-近似算法。

证明:简单的 MST-PRIM 算法多项式时间需要 $O(V^2)$,不需要计算先序遍历的时间。

显然,先序遍历的顶点顺序为旅行的轨迹。

设 $H^*$ 表示给定一组顶点的最优行程。从 $H^*$ 中删除任何一条边都会生成一棵生成树。因此,最小生成树的权值是最优旅行成本的下界,即 $c(T) \leqslant c(H^x)$。

当顶点第一次被访问时,以及返回访问子树的顶点时,都会列出这些顶点,形成一个完整遍历的序列。例如一个完整序列 $W$:$a,b,c,b,h,b,a,d,e,f,e,g,e,d,a$。$W$ 将每条边遍历两次(某些顶点可能更频繁),因此

$$c(W) = 2c(T) \qquad\qquad (12-15)$$

因为 $c(T) \leqslant c(H^x)$,所以

$$c(W) = 2c(T) \leqslant 2c(H^x) \qquad\qquad (12-16)$$

然而,$W$ 通常不是一个正确的行程,因为顶点可能不止一次被访问。但是,可以通过三角不等式,删除访问 $W$ 的任何顶点,并且代价不会增加。例如,删除顶点 $v$ 和顶点 $w$ 之间的顶点 $u$,意味着可以从 $v$ 直接走向 $w$,不需要访问 $u$。这样,可以删除所有多次访问的顶点。通过这个方法,完整序列 $W$ 就可以变成 $a,b,c,h,d,e,f,g$。得到的序列与先序遍历 $T$ 得到的序列相同。这就是是一个哈密顿环路,称它为 $H$。$H$ 就是由算法 APPROX-TSP-TOUR 计算得出的。因为 $H$ 是通过从 $W$ 中删除顶点得到的,所以

$$c(H) \leqslant c(W) \qquad\qquad (12-17)$$

得到

$$c(H) \leqslant c(W) \leqslant 2c(H^x) \qquad\qquad (12-18)$$

# ◇ 习 题

1.随机数产生:以 25% 和 75% 概率分别产生 0 和 1。

2.贪心算法求解 0-1 背包问题的近似率分析。

3.举出一个装箱问题的实例,该实例采用首次适合算法 First-Fit 的近似率大于或等于 5/3。

# 图书资源支持

感谢您一直以来对清华版图书的支持和爱护。为了配合本书的使用,本书提供配套的资源,有需求的读者请扫描下方的"书圈"微信公众号二维码,在图书专区下载,也可以拨打电话或发送电子邮件咨询。

如果您在使用本书的过程中遇到了什么问题,或者有相关图书出版计划,也请您发邮件告诉我们,以便我们更好地为您服务。

**我们的联系方式:**

清华大学出版社计算机与信息分社网站:https://www.shuimushuhui.com/

地　　址:北京市海淀区双清路学研大厦 A 座 714

邮　　编:100084

电　　话:010-83470236　010-83470237

客服邮箱:2301891038@qq.com

QQ:2301891038 (请写明您的单位和姓名)

**资源下载:** 关注公众号"书圈"下载配套资源。

资源下载、样书申请

书 圈

图书案例

清华计算机学堂

观看课程直播